中国环境规划政策绿皮书

长江经济带生态环境保护修复进展报告 2019

China's Report on Eco-Environmental Protection and Restoration of the Yangtze River Economic Belt 2019

王 东 孙宏亮 续衍雪 等编著

U0252097

中国环境出版集团·北京

图书在版编目（CIP）数据

长江经济带生态环境保护修复进展报告2019/王东等编
著. —北京：中国环境出版集团，2020.12
（中国环境规划政策绿皮书）
ISBN 978-7-5111-4414-0

Ⅰ．①长…　Ⅱ．①王…　Ⅲ．①长江经济带—生态环
境保护—研究报告—2019　Ⅳ．①X321.25

中国版本图书馆 CIP 数据核字（2020）第 157096 号

出 版 人	武德凯	
责任编辑	葛　莉	
文字编辑	史雯雅	
责任校对	任　丽	
封面设计	彭　杉	

出版发行　中国环境出版集团
　　　　　（100062　北京市东城区广渠门内大街 16 号）
　　　　　网　　址：http://www.cesp.com.cn
　　　　　电子邮箱：bjgl@cesp.com.cn
　　　　　联系电话：010-67112765（编辑管理部）
　　　　　发行热线：010-67125803，010-67113405（传真）
印　　刷　北京建宏印刷有限公司
经　　销　各地新华书店
版　　次　2020 年 12 月第 1 版
印　　次　2020 年 12 月第 1 次印刷
开　　本　787×1092　1/16
印　　张　11.75
字　　数　142 千字
定　　价　80.00 元

中国环境出版集团郑重承诺：
中国环境出版集团合作的印刷单位、材料单位均具有中国环境标志产品认证；
中国环境出版集团所有图书"禁塑"。

《长江经济带生态环境保护修复进展报告 2019》编 委 会

主　编　王　东

副主编　孙宏亮　　续衍雪　　巨文慧

编　委　曹　东　　刘桂环　　徐　敏　　王夏晖　　赵　越

　　　　马乐宽　　张丽荣　　宁　淼　　秦昌波　　张文静

　　　　陈　岩　　杨文杰　　井柳新　　郜志云　　杨晶晶

　　　　殷炳超　　刘锦华　　郑　伟　　刘瑞平　　柴慧霞

　　　　潘　哲　　宋志晓　　李　新　　吕红迪　　熊善高

　　　　吴　波　　张　涛　　彭硕佳　　李　璐

前　言

　　长江经济带覆盖上海、江苏、浙江、安徽、江西、湖北、湖南、重庆、四川、贵州、云南 11 个省（市），面积约 205 万 km²，人口和生产总值均超过全国的 40%，是我国经济重心所在、活力所在，也是中华民族永续发展的重要支撑。2018 年 4 月 26 日，习近平总书记在湖北省武汉市召开的深入推动长江经济带发展座谈会上提出，推动长江经济带发展是党中央作出的重大决策，是关系国家发展全局的重大战略，因此应坚持"共抓大保护、不搞大开发"的原则，加强改革创新、战略统筹、规划引导，以长江经济带发展推动经济高质量发展。

　　2018 年 2 月，生态环境部环境规划院与四川省环境保护厅联合成立了长江经济带生态环境联合研究中心（以下简称研究中心）。研究中心坚持开放原则，鼓励高校、科研院所和其他省（区、市）环科院参与，以整合相关单位的研究力量。研究中心面向长江经济带生态环境领域重大需求，致力于提高长江经济带生态环境质量与管理水平，为政府制定相关政策及法规提供科学依据和政策建议。

　　为更好地总结研究中心长江经济带生态环境保护修复工作年度开展情况，我们编制了《长江经济带生态环境保护修复进展报告（2019）》。

本书在编制过程中，得到了中国科学院南京地理与湖泊研究所、湖北省环境科学研究院、重庆市环境科学研究院的大力协助，上述单位提供了大量的数据及相关研究成果，为本书的编制提供了有力的支撑，在此深表感谢。

本书编委会

2020 年 7 月

执行摘要

　　长江经济带覆盖上海、江苏、浙江、安徽、江西、湖北、湖南、重庆、四川、贵州、云南 11 个省（市），面积约 205 万 km²，人口和生产总值均超过全国的 40%，是我国经济重心所在、活力所在。习近平总书记于 2018 年 4 月 26 日在湖北省武汉市召开的深入推动长江经济带发展座谈会上提出，推动长江经济带发展是党中央作出的重大决策，是关系国家发展全局的重大战略，因此应坚持"共抓大保护、不搞大开发"的战略原则，加强改革创新、战略统筹、规划引导，以长江经济带发展推动经济高质量发展。

　　2018 年 4 月 2 日，习近平总书记主持召开中央财经委员会第一次会议时强调，要坚决打好污染防治攻坚战。长江保护修复攻坚战是七大标志性战役之一，要坚持新发展理念，使长江经济带成为引领我国经济高质量发展的生力军。2018 年 12 月，生态环境部牵头印发的《长江保护修复攻坚战行动计划》，对打好长江保护修复攻坚战提出了具体目标和要求。

　　2019 年，国家各相关部门及沿江 11 个省（市）以"共抓大保护、不搞大开发"为核心，秉承绿色发展思路，开展了大量工作，实施多项专项行动，并取得了积极成果。

　　2019 年，长江经济带水环境质量持续优良，达到或优于Ⅲ类断面比例为 80.7%，较 2014 年上升了 13.1 个百分点，较 2018 年上升了 1.5 个百分点；劣Ⅴ类断面比例为 1.6%，较 2014 年下降了 5.7 个百分点，较 2018 年下降了 0.3 个百分点；长江经济带 126 个城市平均优良天数比例为 84.8%，比全国平均水平高出 2.8 个百分点，2015—2019 年，平均优良天数比例上升 4.2 个百分点，$PM_{2.5}$、PM_{10}、SO_2、CO 平均浓度呈逐年降低态势，累计分别下降 25.0%、24.0%、57.1%、25.0%，但 $PM_{2.5}$ 平均浓度 5 年连续超标；土壤环境管理制度逐步完善，土壤污染源头防控力度不断加大，农用地安全利用稳步推进，土壤污染治理与修复技术应用试点工作逐步实施；长江水生生物保护制度逐渐完善，保护能力逐步提升，非法捕捞现象得到有效遏制。

2019 年，生态环境部积极开展长江经济带入河排污口和"三磷"专项排查整治行动，其中长江入河排污口排查整治专项行动自 2019 年 2 月启动以来，在江苏省泰州市、重庆市渝北区试点经验基础上，组织 3 000 余名人员顺利地完成了三级排查任务，合计排查岸线长度约 2.4 万 km，初步掌握了排污口的总体情况。"三磷"专项排查整治方面，2019 年 5 月起，生态环境部组织湖北、贵州、云南、四川、湖南、重庆、江苏 7 个省（市）开展"三磷"问题地方自查、整治方案制定及系统上报，共收集到 692 家"三磷"企业信息，其中 276 家存在生态环境问题，占比为 39.9%，7 个省（市）全部完成"一企一策"整改方案制定工作，明确了时间节点和相关责任人。

长江生态岸线是污染物入江的最后防线，目前长江干流岸线的开发利用率达到 35.9%，从沿江各省（市）岸线开发利用的情况来看，江苏、上海最高，分别达到 59.2%和 50.0%，安徽、湖南岸线开发利用率相对较低，均小于 30%；从利用结构来看，长江中上游省份城镇生活岸线占比较高，长江下游省份港口工业岸线占比较高；从地级及以上城市来看，长江下游城市岸线开发利用率较高，长江中上游城市岸线开发利用率较低。

在长江经济带生态补偿进展方面，截至 2019 年年底，中央财政已下拨 165 亿元用于支持长江经济带生态保护修复，目前，长江经济带已建立皖浙新安江流域、云贵川赤水河流域、赣湘渌水流域、渝湘酉水流域、皖苏滁河流域共 5 个跨省流域生态补偿机制，其中新安江流域生态补偿试点已实施三轮，取得了较好的示范效应；但目前长江经济带生态补偿仍存在范围有限、人民群众获得感不强、生态补偿涉事复杂、资金需求大、可持续的长效机制尚未建立等问题，在今后的工作中应促进共融补偿资金、共推金融创新、共创长效机制、共建协商平台、共享发展红利等举措有效实施，充分发挥生态补偿制度的优势，助力长江大保护，实现区域共同发展。

Executive Summary

The Yangtze River Economic Belt covers 11 provinces and cities，including Shanghai，Jiangsu，Zhejiang，Anhui，Jiangxi，Hubei，Hunan，Chongqing，Guizhou，and Yunnan. The Economic Belt has an area of about 2 million 50 thousand square kilometers with both population and GDP exceeding 40% of the country's total，and it is the focus and vitality of our economy. At the symposium on promoting the development of the Yangtze River Economic Belt held in Wuhan，Hubei Province On April 26，2018，General Secretary Xi Jinping stressed that it is a significant decision made by the CPC Central Committee and a significant strategy concerning overall national development to promote the development of the Yangtze River Economic Belt. Therefore we should remain committed to making all efforts on river protection；avoid excessive development；enhance reform，innovation，strategic coordination as well as planning and guiding the development of the Economic Belt；in order to achieve the high-quality economic growth through developing of the Yangtze River Economic Belt.

On April 2，2018，the first meeting of the Central Finance and Economics Committee was held. General Secretary Xi Jinping emphasized the importance of fighting for the critical battles of pollution prevention and control. The Yangtze River protection and restoration battle is proposed as one of the seven major battles. The meeting proposed that we must adhere to the new development concept and make the Yangtze River Economic Belt become a new force to promote the high-quality economic development of our country. In December 2018，the Ministry of Ecology and Environment printed and distributed the "Action Plan for the

Protection and Restoration of the Yangtze River", which put forward specific goals and requirements for the protection and restoration of the Yangtze River.

In 2019, all relevant national departments and 11 provinces and cities along the Yangtze River took "make all efforts on protection and aviod excessive development" as the core, followed the green development concept, carried out a lot of work, implemented a number of special projects, and achieved positive results.

In 2019, the water quality of the Yangtze River Economic Belt continued to be good. The quality of water in 80.7 percent of Yangtze's sections stood above Grade III, with the increase of 13.1 percentage points from 2014 and 1.5 percentage points from 2018. The rate of inferior Grade V sections was 1.6%, which decreased 5.7 percentage points from 2014 and 0.3 percentage points from 2018. The excellent and good ratio of average air quality in 126 cities in the Yangtze River Economic Belt was 84.8%, which was 2.8 percentage points higher than the national average, and 4.2 percentage points higher than 5 years ago. The average concentration of $PM_{2.5}$, PM_{10}, SO_2, and CO were also decreasing within 5 years, with cumulative decreases of 25.0%, 24.0%, 57.1%, and 25.0% respectively, but the average concentration of $PM_{2.5}$ exceeded the standard in the past 5 years. The soil environmental management system has gradually improved, because the source prevention and control in soil pollution was continuously strengthened, the safe use of cultivated land was steadily advancing, and the application pilot of soil pollution governance and restoration technology was gradually implemented. Moreover, the Yangtze River aquatic organism protection system was gradually perfected, ecological protection capacity was gradually improved, and illegal fishing was effectively contained.

In 2019, the Ministry of Ecology and Environment actively carried out actions to investigate and regulate outlet in the Yangtze river and "three phosphorus" enterprises in the Economic Belt. Since the special action of investigation and regulation of the Yangtze River outfall was launched in February 2019, based on the pilot experience of Taizhou City, Jiangsu Province and Yubei District, Chongqing, more than 3 000 personnel have successfully completed the three-level investigation tasks, with a total length of riverbank about 24 000 km, and preliminarily mastered the overall situation of the sewage outfall. In terms of special action of "three phosphorus" investigation and treatment, since May 2019, seven provinces including Hubei, Guizhou, Yunnan, Sichuan, Hunan, Chongqing, Jiangsu, etc., have been organized to make self-examination of "three phosphorus" problems, formulate remediation plans and systematically report, and 692 "three phosphorus" enterprises information has been collected, 276 of which have ecological environmental problems, accounting for 39.9%. And 7 provinces have completed the formulation of "one enterprise, one countermeasure", and defined the timeline and relevant responsibility persons.

The ecological coastline of the Yangtze River is the last defense line preventing pollutants from entering the river. At present, the development and utilization rate of the Yangtze River's main stream coastline has reached 35.9%, while Jiangsu and Shanghai have the highest rates, reaching 59.2% and 50.0%, and Anhui and Hunan are relatively low, both less than 30%. For the utilization structure of the coastline, the urban living coastlines in the middle and upper reaches of the Yangtze River account for a relatively high proportion, while the coastline occupied by ports and industries in the downstream provinces account for a higher proportion. In terms of cities at prefecture level and above, the development and utilization rate of the coastline of the downstream cities is higher than that of the middle and upstream cities.

In terms of the ecological compensation progress of the Yangtze River Economic Belt, the central government has funded 16.5 billion yuan to support the ecological protection and restoration of the Yangtze River Economic Belt by the end of 2019. At present，five inter-provincial ecological compensation mechanisms have been established in the Yangtze River Economic Belt，including Xin'an River Basin in Anhui and Zhejiang provinces，Chishui River Basin in Yunnan，Guizhou and Sichuan，Lushui River Basin in Jiangxi and Hunan，Youshui River Basin in Chongqing and Hunan，and Chuhe River Basin in Anhui and Jiangsu. Among them，the Xin'an River Basin ecological compensation has been carried out three rounds and achieved good demonstration effect. However，there are still some problems in the ecological compensation of the Yangtze River Economic Belt，such as limited geographical scope，divided compensation field，limited access to compensation found，complex compensation priorities，large demand for funds，and lack of long-term sustainable mechanism. In the future，the Economic Belt should effectively implement measures of ecological compensation，such as raise compensation funds，promote financial innovation，set up long-term mechanism，establish negotiative platform，and share development dividends，to give full play of the ecological compensation system advantages，help protect the Yangtze River and realize regional common development.

目录

目录

目录

1 长江经济带生态环境状况

长江经济带发展是国家区域协调发展的重大战略之一，保护长江生态环境，要走生态优先、绿色发展之路，推动长江经济带发展必须加强长江生态环境的保护和修复。当前，长江经济带经济增速放缓、产业结构持续优化、城镇化处于快速发展阶段后期；主要污染物排放强度下降、水环境质量改善、生态环境质量持续稳步改善进入攻坚期。长江经济带各地的资源禀赋、生态环境承载力、经济社会发展基础不同，但总体来说，长江经济带绿色发展水平呈稳步上升趋势，在改善生态环境、完善管理制度、推进治污工程建设等方面取得了一定进展。

1.1 2019 年大事记

1.1.1 国家层面

（1）制定规划（计划）

生态环境部会同国家发展改革委联合印发《长江保护修复攻坚战行

动计划》，并以劣 V 类国控断面整治、入河排污口排查整治、"绿盾"行动、"三磷"排查整治、"清废"行动、饮用水水源地保护、黑臭水体治理、工业园区污水处理设施整治 8 项工作为重点，全面推动落实《长江保护修复攻坚战行动计划》，截至 2019 年年底，完成入河排污口排查整治试点工作和沿江 11 个省（市）现场排查，排查沿江岸线约 2.4 万 km；组织湖北、四川、贵州、云南、湖南、重庆、江苏等省（市）开展"三磷"专项排查整治；指导沿江 10 个省（市）（不含上海市）开展乡镇集中式饮用水水源保护区划定；完成长江经济带 110 个地级及以上城市黑臭水体排查整治；开展沿江 11 个省（市）工业园区污水处理设施整治专项行动。

2019 年 11 月，生态环境部等 10 部门以及沪苏浙皖四地人民政府联合发布的《长三角地区 2019—2020 年秋冬季大气污染综合治理攻坚行动方案》，明确长三角地区大气污染防治的综合任务措施，有力指导了长三角地区大气污染防治工作的顺利开展。

2019 年 1 月，农业农村部、财政部、人力资源和社会保障部联合印发《长江流域重点水域禁捕和建立补偿制度实施方案》，该方案根据长江流域水生生物保护区、长江干流和重要支流除保护区以外的水域、大型通江湖泊除保护区以外的水域、其他相关水域 4 种情况，分类、分阶段推进禁捕工作。

（2）压实地方责任

中央生态环境保护督察组在对 11 个省（市）开展督察的基础上，2019 年 5 月，对安徽、湖北、湖南、四川、贵州 5 省进行第二批督察"回头看"的反馈，重点指出并同步移交一批涉及长江流域的突出生态环境问题，2019 年 7 月，中央生态环境保护督察组进驻上海、重庆，开展第二轮第一批督察，并将两市长江保护修复工作作为督察重点，统筹安排专项督察，进一步传导压力，压实责任，倒逼落实。2019 年，生态环境部联合中央广播电视总台深入 11 个省（市）开展暗查暗访和明察核实，拍摄了《2019 年长江经济带生态环境问题警示片》，披露了 152 个问题，已分送 11 个省（市）督促整改。

（3）推动绿色发展

生态环境部指导和支持沿江 11 个省（市）初步划定生态保护红线，共划定生态保护红线面积 54.4 万 km²，占长江经济带国土面积的 25.5%，并在此基础上，会同自然资源部印发了《生态保护红线勘界定标技术规程》，持续推进生态保护红线勘界定标工作；生态环境部组织编制印发一系列"三线一单"技术和管理文件，截至 2019 年年底，长江经济带沿江 11 个省（市）及青海省"三线一单"成果已全部通过审核，基本完成"三线一单"数据共享系统建设。

2019 年，国家林业和草原局围绕长江经济带陆生野生动植物资源和各类自然保护地管理工作，颁布实施了一系列政策文件，3 月，印发了的《国家级自然保护区评审委员会组织和工作规则》，明确了国家级自然保护区评审规则，10 月，印发的《国家林业和草原局关于切实加强秋冬季候鸟保护的通知》，针对鄱阳湖、洞庭湖等重要候鸟栖息地提出了明确的工作要求。11 月，中国野生植物保护协会发布的《中国植物保护战略（2021—2030）》，针对长江经济带部分重要区域提出具体保护目标与实施计划。

（4）夯实工作基础

生态环境部联合最高人民法院、最高人民检察院、公安部开办 2019 年度环境行政执法与刑事司法衔接工作培训班，开展长江生态环境无人机遥感调查工作，与三峡集团签署长江大保护战略合作协议并开展联合研究（第一期执行协议），建设国家生态环境科技成果转化综合服务平台，推广水专项等科技成果落地应用。

2019 年 8 月，《生物多样性公约》第十五次缔约方大会（以下简称 COP15）筹备工作组织委员会第一次会议在京召开。会后，还召开了 COP15 执委会第一次会议，会议审议通过了《COP15 执委会工作规则》及任务分工安排。

1.1.2 沿江省（市）

（1）上海市

上海市出台了《上海市长江入河排污口排查整治专项工作方案》，制定了长江入河排污口排查整治无人机航测实施方案并高效完成了航测工作，配合完成三级排查，共排查点位 1 651 个，同时开展入河排污口设置审批工作。土壤保护方面，上海市出台了《上海市建设用地地块土壤污染状况调查、风险评估、效果评估等报告评审规定（试行）》和《上海市建设用地地块土壤和地下水污染状况调查、风险评估、效果评估等报告评审专家库管理办法》，为国家建设用地土壤环境监管提供经验借鉴。2019 年 5 月，在上海论坛 2019 "流域生物多样性与生态文明建设" 子论坛上，上海市正式发布《保护流域生物多样性上海宣言》，宣言指出，长江是全球生物多样性热点地区和优先保护区域，要把修复长江生态环境摆在压倒性位置，"共抓大保护、不搞大开发"。

（2）浙江省

浙江省出台并实施《浙江省长江经济带生态环境问题排查整改工作方案》，在全省范围内对城镇污水垃圾、化工污染、农业面源污染、船舶污染和尾矿库污染及侵占岸线、建坝占湖、违规倾倒固体废物等行为，全面排查关联性、衍生性等问题。建立长江经济带生态环境问题数据库及整改调度、验收销号等制度，对发现问题实施分级管理，逐一明确整改目标、完成时限和责任单位，实行台账推进、限期销号。2019 年 12 月，浙江省生态环境厅会同省农业农村厅、省水利厅起草了《浙江省水生生物多样性保护实施方案》，方案初步制定了生物资源保护、栖息地保护、建立监测预警体系等重点任务；浙江省认真实施《浙江省珍稀濒危野生动植物抢救保护工程行动方案（2017—2020 年）》，物种的原生地（栖息地）保护、生境恢复和改善、人工繁育（培植）、野外种群重建、集中迁地保护等技术不断完善，种群数量得到扩大，物种濒危程度得到了有效缓解，珍稀濒危野生动植物拯救保护取得突破性进展。

（3）江苏省

江苏省出台《江苏省长江保护修复攻坚战行动计划实施方案》，安排 9 个方面任务，重点对工作目标和主要任务进行了细化、实化、量化。在长江干流、主要入江支流及流域断面中，建立国（省）考断面水质改善"断面长制"，由市、县两级党政领导担任，督促落实"一岗双责"。按季度在《新华日报》等主流媒体公布有突出问题的断面清单和责任人名单，逐月通报地表水环境质量状况，围绕断面水质不达标问题，向涉及市、县（区）党委、政府发函预警。土壤保护方面，江苏省已将《江苏省土壤污染防治条例》的立法工作列入 2018—2022 年全省立法规划正式项目，常州市出台《常州市工业用地和经营性用地土壤环境保护管理办法（试行）》。

（4）安徽省

安徽省委、省政府主要负责同志亲力亲为，多次采取"四不两直"（不发通知、不打招呼、不听汇报、不用陪同接待，直奔基层、直插现场）方式全程调研，督查长江、巢湖等的生态环境突出问题的整改情况和生态环境保护工作，以全面开展生态环境"三大一强"（长江安徽段生态环境大保护、大治理、大修复，强化生态优先绿色发展理念落实）专项攻坚行动为抓手，着力打造水清岸绿产业优的美丽长江（安徽）经济带。在生物多样性保护方面，2019 年 2 月，安徽省人民政府印发了《关于坚持生态优先绿色发展切实加强自然保护区管理的意见》（皖政〔2019〕13 号），对辖区内自然保护区规划、审批、执法监管等任务做了明确规定，完善了安徽省自然保护区监管长效机制；3 月，安徽省人民政府办公厅印发的《关于加强长江（安徽）水生生物保护工作的实施意见》（皖政办〔2018〕60 号），提出生态修复、生态调度、增殖放流等主要任务，有效改善长江（安徽）生态环境，水生生物栖息生境得到全面保护。

（5）江西省

江西省深入开展湿地保护专项行动，全省共排查出违法违规占用、破坏湿地问题 79 个，已有 38 个问题整改到位，共计恢复湿地 11 581 亩①。强化水生生物资源保护，坚持推行春季禁渔期制度，持续开展渔业增殖放流活动，推进 19 个保护区全面禁捕工作，实施了重点野生珍稀水生生物监测评估与种群修复等工程。2019 年 4 月，江西省修订了《江西省实施〈中华人民共和国野生动物保护法〉办法》并于 2019 年 7 月 1 日起施行；12 月，江西省举办首届"鄱阳湖国际观鸟节"，活动旨在不断提升人们爱鸟护鸟意识，把鄱阳湖打造成为永不落幕的观鸟胜地，亮化鄱阳湖国际生态品牌。

（6）湖北省

湖北省严格源头管控，完成了全省"三线一单"编制任务，综合划定了 1 076 个环境管控单元，制定了准入要求，构建了覆盖"落地"到单元的生态环境分区管控体系。同时出台湖北省生态保护红线划定方案

---

① 1 亩=1/15 hm²。

和管理办法，全省 22.3%的国土面积纳入生态红线的保护范围，确保长江生态保护红线面积不减少、生态功能不降低、性质不改变。2019 年 3 月，湖北省林业局正式印发《湖北省湿地名录管理办法》，有效规范湖北省湿地类型、保护方式、管理机构、责任主体等管理工作，加强全省湿地保护。

（7）湖南省

湖南省政府办公厅印发了《湖南南山国家公园管理局行政权力清单（试行）》，将发展改革委、自然资源厅等 10 个省直相关部门的 44 项行政权力，集中授予南山国家公园管理局，标志着湖南南山国家公园体制试点工作取得重大突破，保护地重叠、行政分割、管理破碎化等现象得到基本解决。同时，湖南省出台实施《关于主动发现和解决生态环境突出问题若干措施》，采取定期调度、督查及通报、约谈、挂牌督办等形式强力推进，持续保持整改高压态势。截至 2019 年年底，湖南省已完成整改中央生态环境保护督察反馈的 76 项整改任务中的 64 项，完成中央生态环境保护督察"回头看"反馈的 41 项整改任务中的 18 项，《2019 年度长江经济带生态环境问题警示片》中涉及的 18 个问题中 15 个已基本整改到位。

（8）重庆市

重庆市严格执行长江干流及主要支流岸线 1 km、5 km 范围内的产业管控政策；对 358 块疑似污染地块进行调查评估，完成 23 块污染地块的治理修复，确保腾退土地满足规划用地的土壤环境质量要求，完成国家要求的 19 个行业排污许可证核发年度任务，全市在国家平台核发排污许可证 1 784 张，不断强化以许可证为核心的固定污染源环境管理制度。2019 年 9 月，重庆市第五届人民代表大会常务委员会第十二次会议通过《重庆市野生动物保护规定》，并于 12 月 1 日起正式施行。

本次新修订的规定主要增加了对破坏野生动物巢、穴、洞、产卵场、索饵场、越冬场等重要栖息地的罚则，强化对生态环境的保护；明确了野生动物检验检疫工作由兽医主管部门负责等事项，解决了重庆市野生动物保护工作存在的突出问题。

（9）四川省

四川省省级河湖长带头巡河巡湖 35 次，召开现场会议 40 余次，成立以省政府主要领导任组长、分管领导任副组长、21 个省级部门为成员单位的污染防治攻坚战领导小组，组织召开专题会议，系统研究部署年度工作。组织 8 个省级部门、11 所科研院校，对 22 个污染防治重点县开展"一对一"结对攻坚，强化科技支撑，在 17 个地市设置长江保护修复驻点研究机构。

（10）贵州省

贵州省出台《贵州省开展长江珠江上游生态屏障保护修复攻坚行动方案的通知》。针对劣V类水体整治，黔南州于 2019 年 2 月启动重安江流域主要控制断面污染源溯源调查分析，完成流域涉磷污染源排查，制定《长江流域凤山桥边劣V类国控断面整治专项行动工作方案》并报生态环境部备案，明确短期治标与长期治本相结合的方针，协同推进源头管控、中端减量、末端治污各项措施，深入推进流域磷污染防治攻坚，确保治理取得实效，截至目前，已经消除凤山桥边劣V类国控断面。2019 年 11 月，贵州省率先启动全省自然保护地优化调整工作，对全省各级各类自然保护地分阶段进行优化、整合、归并、功能区划分、勘界定标和矢量数据制作等，预计到 2023 年年底，完成全省自然保护地管理体制机制的建立和落实工作。

（11）云南省

云南省大力推进《九湖水环境保护治理"十三五"规划》《云南省

重点流域水污染防治规划（2016—2020 年）》等规划实施，认真开展《牛栏江流域（云南部分）水环境保护规划（2009—2030 年）》实施情况中期评估，在全省流域范围内组织开展"十四五"国控断面设置与水环境控制单元细化工作。持续加强洱海、抚仙湖、泸沽湖等水质优良湖库和六大水系优良水体保护工作。生物多样性保护方面，云南省出台《云南省生物多样性保护条例》，该条例是全国第一部生物多样性保护的地方性法规，是把云南建设成为中国最美丽省份和全国生态文明建设排头兵的重要举措，对保护国家生物多样性战略资源具有十分重要的意义。

1.2 水生态环境状况

1.2.1 总体情况

近年来，长江经济带水环境质量总体呈现改善趋势，达到或优于Ⅲ类断面比例逐年上升，劣Ⅴ类断面比例逐年下降。2019 年，长江经济带达到或优于Ⅲ类断面比例为 80.7%，较 2014 年上升了 13.1 个百分点，较 2018 年上升了 1.5 个百分点；劣Ⅴ类断面比例为 1.6%，较 2014 年下降了 5.7 个百分点，较 2018 年下降了 0.3 个百分点，水质状况由 2014 年的轻度污染转变为 2019 年的良好，主要污染因子为总磷、化学需氧量、氨氮（图 1-1）。其中，2019 年长江经济带达到或优于Ⅲ类断面比例及劣Ⅴ类断面比例均达到了《长江经济带生态环境保护规划》中 2020 年的目标要求。

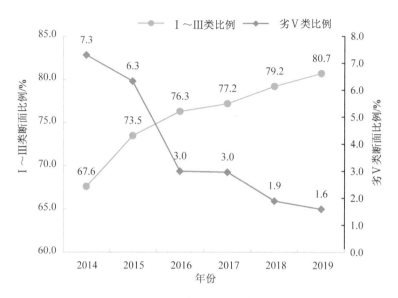

图 1-1　2014—2019 年长江经济带水质总体状况

2014—2019 年，长江经济带主要污染物质量浓度均呈下降趋势。其中，高锰酸盐指数年平均质量浓度由 2014 年的 3.36 mg/L 下降到 2019 年的 2.85 mg/L，降幅为 15.2%，水质类别保持在 II 类；生化需氧量年平均质量浓度由 2014 年的 2.35 mg/L 下降到 2019 年的 1.61 mg/L，降幅为 31.5%，水质类别保持在 I 类；氨氮年平均质量浓度由 2014 年的 0.50 mg/L 下降到 2019 年的 0.28 mg/L，降幅为 44.0%，水质类别保持在 II 类；化学需氧量年平均质量浓度由 2014 年的 14.9 mg/L 下降到 2019 年的 11.4 mg/L，降幅为 23.5%，水质类别保持在 I 类；总氮年平均质量浓度由 2014 年的 2.14 mg/L 下降到 2019 年的 1.94 mg/L，降幅为 9.3%，水质类别为 V 类；总磷年平均质量浓度由 2014 年的 0.11 mg/L 下降到 2019 年的 0.086 mg/L，降幅为 21.8%，水质类别由 III 类提升为 II 类（图 1-2）。

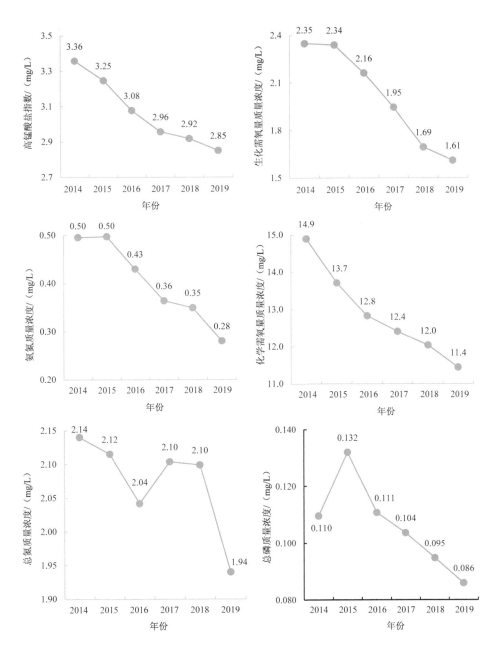

图 1-2　2014—2019 年长江经济带主要污染物质量浓度变化情况

2019 年，长江经济带共有 515 个断面部分月份水质超过III类标准（图 1-3）。根据《水污染防治目标责任书》考核要求，44 个断面 2019年浓度均值不达标[①]，主要分布在湖北、云南、江苏等省份（表 1-1）。其中，云南省普洱市思茅河莲花乡断面连续 12 个月水质不达标，主要不达标因子为氨氮、总磷、生化需氧量，分别超标 4.4 倍、1.7 倍、0.3倍；湖北省咸宁市斧头湖连续 12 个月水质不达标，主要不达标因子为总磷，超标 1.3 倍。

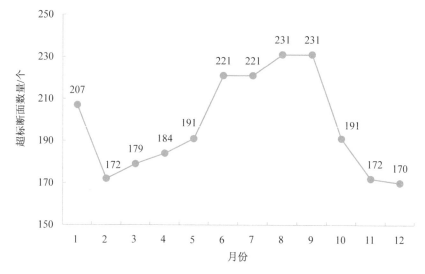

图 1-3　2019 年长江经济带超过III类标准断面数量变化情况

表 1-1　2019 年长江经济带区域不达标断面数量统计

省份	不达标断面数量/个
湖北省	11
云南省	9

---

① 泸沽湖湖心点位为四川省、云南省共考点位。

省份	不达标断面数量/个
江苏省	7
安徽省	5
贵州省	3
四川省	3
浙江省	3
湖南省	2
江西省	2
上海市	0
重庆市	0

1.2.2　重点区域

（1）长江干流

长江干流水质总体良好，首要污染物总磷质量浓度总体呈现上游低、中游升高、下游波动的现象。2019 年，长江干流除江苏省无锡市小湾断面水质为Ⅲ类外，其他断面水质均为Ⅱ类，从首要污染因子（总磷）沿程变化情况可以看出，在江苏省无锡市小湾段，质量浓度值出现高点，其他江段总磷质量浓度均达到Ⅱ类标准（图 1-4）。

2016—2019 年，长江干流总磷质量浓度持续下降，2019 年长江干流总磷年均质量浓度为 0.081 mg/L，比 2016 年下降 23.7%。从长江干流总磷质量浓度沿程变化情况来看，长江上游总磷质量浓度相对较低，均可达到Ⅱ类标准，随后到湖北段有所升高，到江西段、安徽段质量浓度下降，到江苏及入海口段又出现小幅升高；2019 年，总磷质量浓度波动较为平稳，到江苏无锡段出现高值（图 1-5）。

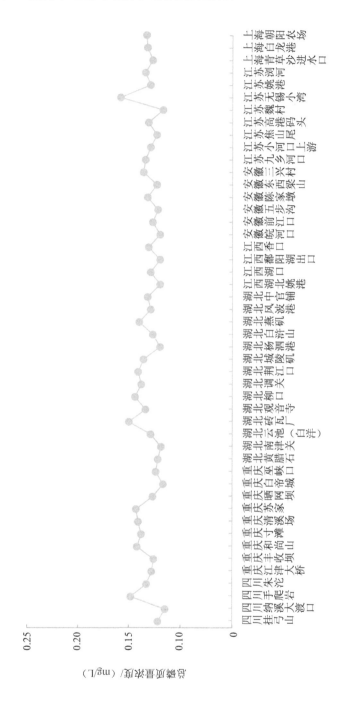

图 1-4　2019 年长江干流总磷质量浓度沿程变化情况

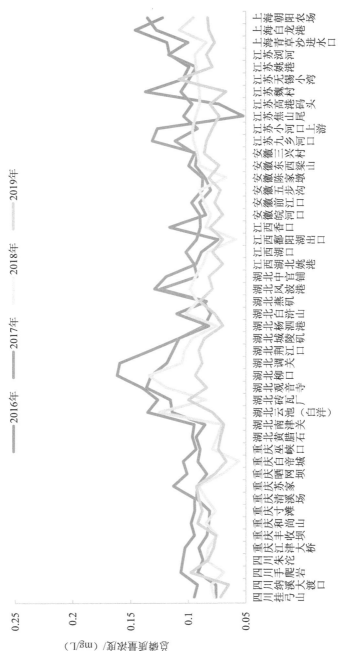

图 1-5　2016—2019 年长江干流总磷量浓度沿程变化情况

（2）主要支流

2019 年，长江主要支流水质总体情况良好，水质类别均达到或优于Ⅲ类。长江 8 条主要支流共布设国控断面 82 个，其中 3.7%的断面水质达到Ⅰ类，74.4%的断面水质达到Ⅱ类，21.9%的断面水质达到Ⅲ类。从各个支流来看，嘉陵江、汉江、沅江均为Ⅱ类水质；雅砻江Ⅰ类和Ⅱ类水质断面各占 50%；岷沱江 15.4%的断面为Ⅱ类水质、84.6%的断面为Ⅲ类水质；乌江Ⅰ类和Ⅱ类水质断面各占 22.2%、Ⅲ类水质断面占 55.6%；湘江Ⅱ类水质断面占 90.0%、Ⅲ类水质断面占 10.0%；赣江Ⅱ类水质断面占 90.9%、Ⅲ类水质断面占 9.1%（图 1-6）。

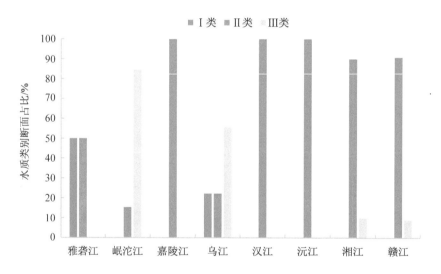

图 1-6　2019 年长江主要支流不同水质类别断面占比

（3）重点湖泊

2019 年，太湖、巢湖、滇池、洞庭湖、鄱阳湖 5 个重点湖泊水质类别以Ⅳ类为主，滇池水质较差，劣Ⅴ类点位比例占 40%，总磷为主要污染物。太湖 17 个点位中，水质为Ⅲ类的点位占比 11.8%，Ⅳ类点位占比 70.6%，Ⅴ类点位占比 17.6%；巢湖 8 个点位中，水质为Ⅲ类的点位占比 12.5%，Ⅳ类点位占比 62.5%，Ⅴ类点位占比 25.0%；滇池 10 个点位中，水质为Ⅳ类的点位占比 20.0%，Ⅴ类点位占比 40.0%，劣Ⅴ类点位占比 40.0%；洞庭湖 11 个点位水质类别均为Ⅳ类；鄱阳湖 17 个点位中，水质类别为Ⅲ类的点位占比 5.9%，Ⅳ类点位占比 88.2%，Ⅴ类点位占比 5.9%（图 1-7）。

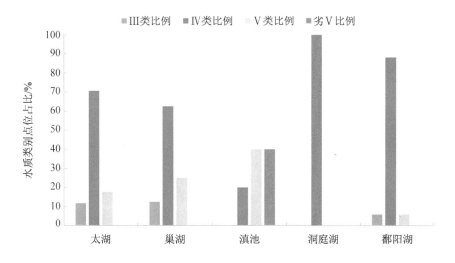

图 1-7　2019 年长江重点湖泊水质类别点位比例情况

"十三五"期间除太湖总磷质量浓度明显升高外，其他重点湖泊总磷质量浓度呈不同程度下降。2019 年，洞庭湖、鄱阳湖、巢湖、滇池全湖总磷平均质量浓度分别为 0.066 mg/L、0.069 mg/L、0.078 mg/L 和 0.071 mg/L，分别比 2016 年下降 21.4%、4.2%、15.2%和 57.7%；2019 年太湖全湖总磷平均质量浓度为 0.081 mg/L，比 2016 年上升 20.9%（图 1-8）。

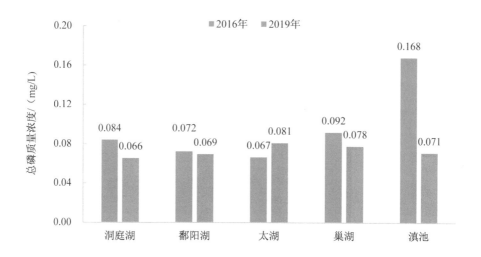

图 1-8　2016 年、2019 年长江流域重点湖泊总磷年均质量浓度变化趋势

2019年，太湖、巢湖和滇池全湖平均营养状态指数表明其处于轻度富营养状态，洞庭湖和鄱阳湖全湖营养状态指数则表明其处于中营养状态，5 个重点湖泊中超过一半的断面为轻度富营养断面（图 1-9）。

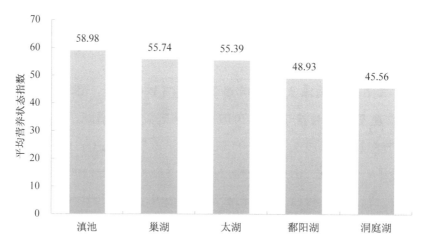

图 1-9　长江流域重点湖泊平均营养状态指数

从 5 个重点湖泊的 63 个国控断面的营养状态分布比例来看，38.1%
为中营养断面，57.1%为轻度富营养断面，3.2%为中度富营养断面，1.6%
为重度富营养断面（图 1-10）。其中，洞庭湖的 11 个国控断面均为中营
养断面；鄱阳湖的 17 个国控断面中，中营养断面占比 70.6%，轻度富
营养断面占比 29.4%；太湖的 17 个国控断面中，中营养断面占比 5.9%；
轻度富营养断面占比 88.2%，中度富营养断面占比 5.9%；巢湖的 8 个国
控断面中，轻度富营养断面占比 87.5%，重度富营养断面占比 12.5%；
滇池的 10 个国控断面中，轻度富营养断面占比 90.0%，中度富营养断
面占比 10.0%（表 1-2）。

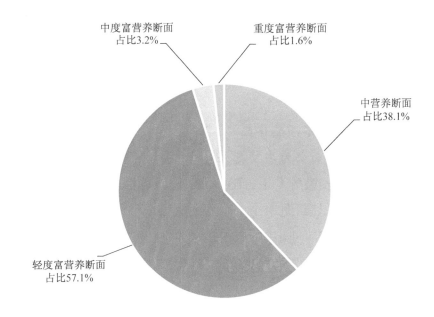

图 1-10 长江流域重点湖泊不同营养状态断面比例分布

表 1-2 2019 年长江流域重点湖泊营养状态　　　　　单位：个

湖库	国控断面数量	中营养断面数量	轻度富营养断面数量	中度富营养断面数量	重度富营养断面数量	全湖平均营养状态
洞庭湖	11	11	0	0	0	中营养
鄱阳湖	17	12	5	0	0	中营养
太湖	17	1	15	1	0	轻度富营养
巢湖	8	0	7	0	1	轻度富营养
滇池	10	0	9	1	0	轻度富营养
合计	63	24	36	2	1	

（4）长三角地区

长江三角洲地区水质总体良好，"十三五"期间水质呈现逐年提升的趋势，但是部分断面仍为劣Ⅴ类。2019 年，长江三角洲地区（上海市、江苏省、浙江省、安徽省）Ⅰ～Ⅲ类断面 280 个，占 84.1%，同比增加 4.6 个百分点；劣Ⅴ类断面 1 个，占 0.3%，同比减少 0.6 个百分点，劣Ⅴ类断面为合肥南淝河施口断面，主要超标污染物为氨氮（图 1-11）。

自 2015 年以来，长三角地区Ⅰ～Ⅲ类断面比例总体呈现上升趋势，由 2015 年的 70.3%上升到 2019 年的 84.1%，劣Ⅴ类断面比例下降明显，由 2015 年的 6.1%下降到 2019 年的 0.3%，劣Ⅴ类断面总数减少了 19 个（图 1-12）。

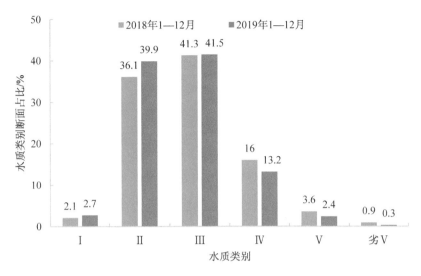

图 1-11　长三角地区水质类别断面比例同比变化情况

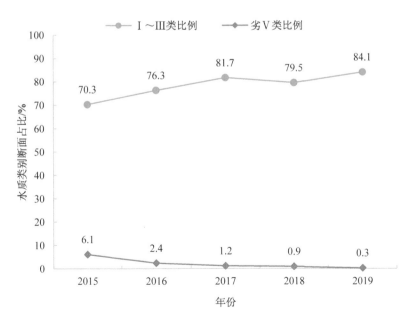

图 1-12　长三角地区年际水质类别断面变化趋势

1.3 大气生态环境状况

1.3.1 总体情况

《大气污染防治行动计划》《打赢蓝天保卫战三年行动计划》相继实施以来，长江经济带环境空气质量总体有所改善。但 2019 年大气复合污染形势依然严峻，$PM_{2.5}$ 质量浓度尚处于高位，长三角、湘鄂两个地区环境空气质量不容乐观。

长江经济带环境空气质量总体向好。2015—2019 年长江经济带 126 个地级及以上城市平均优良天数比例上升 4.2 个百分点；$PM_{2.5}$、PM_{10}、SO_2、CO 平均质量浓度呈逐年下降态势，累计分别下降 25.0%、24.0%、57.1%、25.0%，但 $PM_{2.5}$ 平均质量浓度 5 年连续超标；NO_2 平均质量浓度总体下降 6.9%；O_3、SO_2、NO_2、CO 平均质量浓度实现 5 年稳定达标，但 O_3 质量浓度 2015—2018 年呈逐年上升态势，2019 年与 2018 年持平并较 2015 年增加 12.1%。

长江经济带环境空气质量状况优于全国平均水平。2019 年，长江经济带 126 个城市平均优良天数比例为 84.8%，较全国平均水平高出 2.8 个百分点；$PM_{2.5}$ 年均质量浓度为 11~60 μg/m³，平均为 36 μg/m³，超过《环境空气质量标准》二级标准限值 2.9%，与全国平均水平相同；PM_{10} 年均质量浓度为 19~96 μg/m³，平均为 57 μg/m³，比全国平均水平低 9.5%；O_3 日最大 8 小时平均第 90 百分位数质量浓度为 94~187 μg/m³，平均为 148 μg/m³，与全国平均水平相同；SO_2 年均质量浓度为 4~31 μg/m³，平均为 9 μg/m³，比全国平均水平低 18.2%；NO_2 年均质量浓度为 8~44 μg/m³，平均为 27 μg/m³，与全国平均水平相同；CO 日均值第 95 百分位数质量浓度为 0.6~2.3 mg/m³，平均为 1.2 mg/m³，比全国平均水平低 14.3%（图 1-13）。

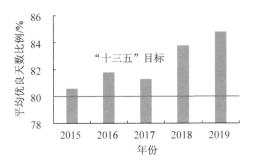

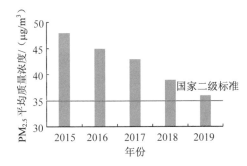

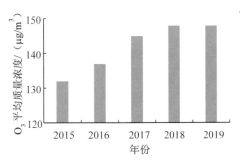

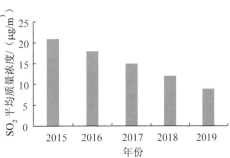

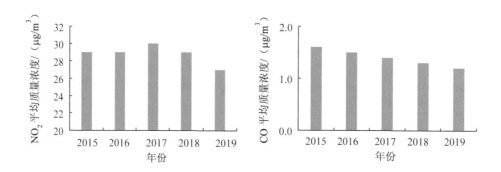

图 1-13 2015—2019 年长江经济带环境空气质量年际比较

长江经济带超半数城市环境空气质量超标，PM$_{2.5}$ 是影响城市环境空气质量的最主要污染物。2019 年，长江经济带 126 个城市中，68 个城市环境空气质量超标，占全部城市数的 54.0%，比全国平均水平高 1.4 个百分点；有 58 个城市环境空气质量达标，占 46.0%；PM$_{2.5}$、PM$_{10}$、O$_3$、NO$_2$ 年均质量浓度超标城市比例分别为 54.0%、20.6%、30.2%、7.9%（表 1-3）。另外，126 个城市平均超标天数比例为 15.2%；45 个城市优良天数比例低于或等于 80%，占全部城市数的 35.7%。

表 1-3　2019 年长江经济带六项空气污染物超标城市数量　　单位：个

区域	省份	地级及以上城市数量	污染物超标城市数量					
			PM$_{2.5}$	PM$_{10}$	O$_3$	SO$_2$	NO$_2$	CO
长江经济带	上海、江苏、浙江、安徽、江西、湖北、湖南、重庆、四川、贵州、云南	126	68	26	38	0	10	0
长三角地区	上海、江苏、浙江、安徽	41	30	15	25	0	7	0
湘鄂两省	湖北、湖南	27	23	10	13	0	1	0
成渝地区	重庆、四川	22	11	1	0	0	2	0

1.3.2　重点区域

　　湘鄂两省、长三角地区 $PM_{2.5}$ 质量浓度超标程度大、超标城市多，湘鄂两省 O_3 质量浓度持续上升，长三角地区 O_3 质量浓度超标。2019 年，湘鄂两省 27 个城市 $PM_{2.5}$ 年均质量浓度为 30～60 $\mu g/m^3$，平均为 43 $\mu g/m^3$，超过国家二级标准限值 22.9%，比长江经济带和全国平均水平均高出 19.4%；超标城市比例达 85.2%，较 2018 年升高 7.4 个百分点，比长江经济带和全国平均水平分别高出 23.8 个百分点和 25.2 个百分点，仅 4 个城市达标，较 2018 年减少 2 个城市。长三角地区 41 个城市 $PM_{2.5}$ 年均质量浓度为 20～57 $\mu g/m^3$，平均为 41 $\mu g/m^3$，超过国家二级标准限值 17.1%，比长江经济带和全国平均水平均高出 13.9%；超标城市比例达 73.2%，比长江经济带和全国平均水平分别高出 19.2 个百分点、20.6 个百分点，仅 11 个城市达标。

　　2015—2019 年，湘鄂两省 27 个城市 O_3 日最大 8 小时第 90 百分位数质量浓度平均值 5 年稳定达标，但总体呈上升态势，尤其是 2017—2019 年逐年加重，累计增加 9.2%。长三角地区 41 个城市、成渝地区 22 个城市 O_3 日最大 8 小时第 90 百分位数质量浓度平均值继 2015—2018 年一直逐年上升之后，在 2019 年出现拐点，较 2018 年分别降低 1.8%、7.5%。但长三角地区 2019 年 O_3 质量浓度仍未达标，平均为 164 $\mu g/m^3$，超过国家二级标准限值 2.5%（图 1-14、图 1-15）。

长江经济带生态环境保护修复进展报告 2019

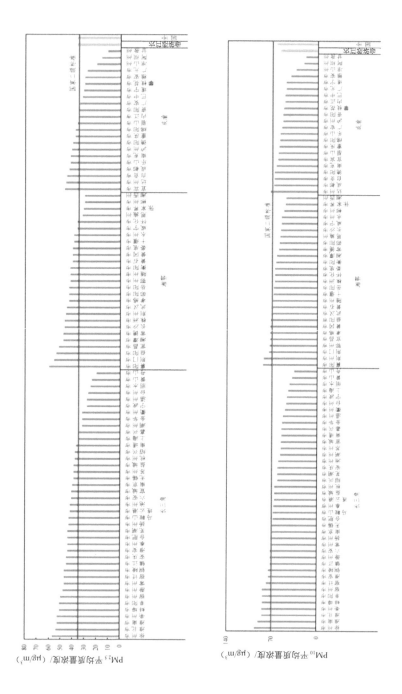

26

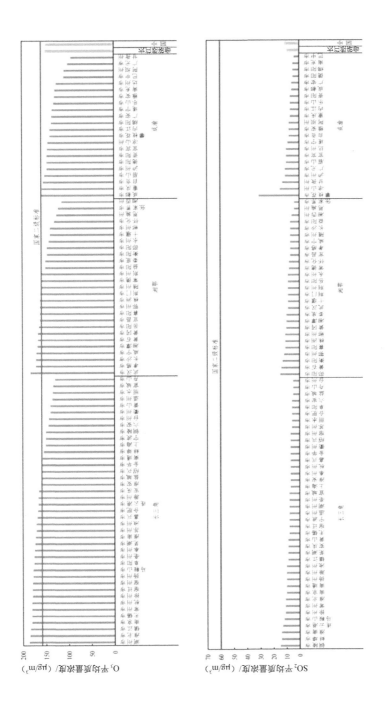

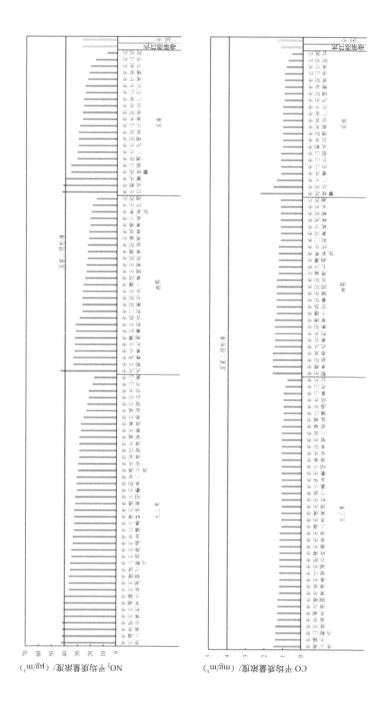

图 1-14　2019 年长三角、湘鄂、成渝地区六项污染物平均质量浓度

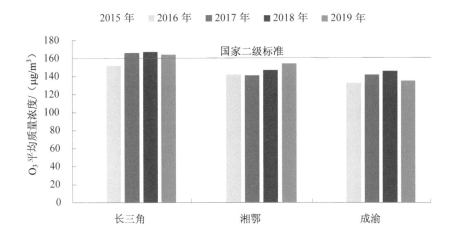

图 1-15　2015—2019 年长三角、湘鄂、成渝地区 O_3 平均质量浓度年际比较

1.4　土壤生态环境状况

1.4.1　总体情况

按照全国土壤污染状况调查工作统一部署，长江经济带沿江 11 个省（市）加强部门协作，组织专业技术力量，强化工作调度和质量管理，全力推进农用地土壤污染状况详查工作。目前各省份均已完成农用地土壤污染状况详查成果集成工作，已基本查明农用地土壤污染的面积和分布。

长江经济带沿江 11 个省（市）积极推动重点行业企业用地调查，目前均已完成重点行业企业地块基础信息采集和风险筛查工作，全面落实《中华人民共和国土壤污染防治法》。除湖北外，其余 10 个省（市）均建立并公开了 2019 年建设用地土壤污染风险管控和修复名录，涉及地块 358 块。其中，浙江、江苏纳入名录地块数目最多，分别为 65 块、63 块，分别占长江经济带 10 个省（市）建设用地土壤污染风险管控和修复名录地块总数的 18.2%、17.6%（图 1-16）。

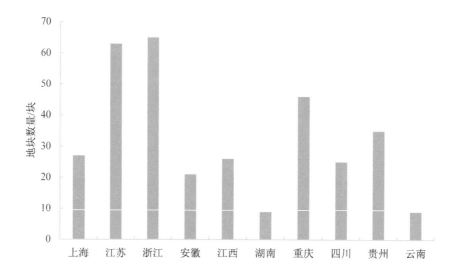

图 1-16　10 个省（市）建设用地土地污染风险管控与修复名录地块分布

1.4.2　重点区域

长江三角洲地区土壤环境质量状况总体较好，部分区域土壤污染严重，耕地土壤环境质量堪忧，工矿业废弃地土壤环境问题突出。

长江三角洲地区农用地土壤环境质量状况总体不容乐观，局部地区土壤污染严重。上海、江苏南部、浙北、安徽沿江等地区耕地土壤均存在不同程度的重金属污染。江苏省对土壤环境质量进行了监测，其中处于轻微、轻度和中度污染的点位个数分别占 7.7%、0.4% 和 0.1%，无重度污染点位，无机物超标项目主要为镍、镉、汞、铅和砷，有机物超标项目主要为滴滴涕。浙江省浙北、浙中和浙东沿海地区因土壤重金属污染，有近20%的农用地产不出绿色农产品，浙北环太湖平原耕地土壤重金属汞在研究区域内超标率约达10%，宁波市郊区蔬菜生产基地土壤重金属汞、镉、铜等造成的综合污染程度较高；安徽省土壤污染超标率约为7.5%，主要超标污染物为重金属镉，其中土壤轻微污染的耕地达300万余亩，轻、中度污染的耕地达80万余亩，安徽省污染土壤主要分布在沿江地区，集中于矿产开发或工矿企业密集区域，其中合肥、芜湖、铜陵、滁州、池州等地污染相对突出，沿淮、淮北平原地区和皖西大别山地区土壤环境质量好，江淮丘陵地区土壤环境质量总体较好，皖南山区局部地区土壤环境质量较差。

由于工业企业发达，长三角区域存在大量重点行业企业，如电镀、化工等，这些企业生产过程中会产生大量的重金属污染物，通过废水、废气、废渣等方式进入企业周边环境，大量的重金属在土壤中的积累会对生态系统和人体健康造成威胁。长三角区域土壤重金属污染已由点状、局部污染发展成面上、区域性的污染，工业企业用地污染尤其严重，如南京某合金厂的土壤铬含量远高于其背景值，最高值为背景含量的167倍；绍兴蓄电池厂周围污染土壤中铅含量最高值达到2 980 mg/kg。长三角地区三省一市均已建立并公开建设用地土地污染风险管控与修复名录，涉及地块176块。其中，上海市27块，主要分布在普陀区、闵行区等；江苏省63块，主要分布在南京、常州、无锡、苏州等地；浙江省65块，主要分布在杭州、温州、宁波等地；安徽省21块，主要分布在芜湖、蚌埠、铜陵等地。从行业分布来看，长三角地区污染地块的污染来源主要为化学原料和化学制品制造、纺织、金属制品、医药制造、电气机械和器材制造、装卸搬运和仓储等行业。

国家及相关省份大力推动浙江省台州市、湖北省黄石市、湖南省常

德市、贵州省铜仁市等土壤污染综合防治先行区建设，并获得一批典型经验模式。 一是完善土壤环境监管制度和政策，如台州出台了《台州市重点行业企业用地土壤环境监督管理办法（试行）》《台州市污染土壤治理修复类项目实施管理评估办法（试行）》《关于加强受污染耕地风险管控工作的意见（试行）》等，常德市出台了《建设用地环境管理办法》；二是率先推进重点行业企业调查工作，台州市全面完成重点企业用地信息采集和空间信息整合，并完成部分样品检测任务；三是加强技术交流与合作，在生态环境部土壤生态环境司的指导下，台州市成功举办了"全国土壤污染防治经验交流及现场推进会"，铜仁市组织召开了"长江生态环境保护修复铜仁驻点跟踪研究工作推进会"暨"首届西南环境修复创新中心技术联盟研讨会"；四是推动土壤污染风险管控与修复，台州市实施 6 个污染地块治理修复，其中 2 个已经完成，常德市以石门雄黄矿和历史遗留废渣堆存场所为重点开展治理修复工作，矿区内 3 家污染企业全部关闭，9 个矿洞全部封闭，土壤一期项目完成验收；五是加强土壤污染源头防控，常德市全面开展土壤重点企业监管，确定重点监管企业 33 家，铜仁市积极推动探索锰渣资源化利用技术运用。

1.5 生物多样性保护状况

长江经济带森林资源保护成效显著。根据第九次全国森林资源清查结果，长江经济带森林面积增加约 581.5 万 hm^2，森林蓄积量增加约 10.1 亿 m^3，森林覆盖率增加约 2.8%。除江苏省外，长江经济带其他省（市）森林面积均保持增长。江西省森林覆盖率最高，达到 61.2%；浙江省其次，为 59.4%[①]。云南省森林面积最大，为 2 106.2 万 hm^2，森林蓄积量达到 19.7 亿 m^3，长江上游退耕还林等水土保持措施效果显著，森林得

---

① 《2014—2018 中国森林资源报告》，国家林业和草原局，2019。

到有效恢复（表 1-4）。

表 1-4　2013—2019 年长江经济带各省（市）森林资源变化状况

省份	第八次森林资源清查			第九次森林资源清查		
	森林面积/万 hm²	森林蓄积量/亿 m³	森林覆盖率/%	森林面积/万 hm²	森林蓄积量/亿 m³	森林覆盖率/%
上海	6.81	0.04	10.74	8.9	0.07	14.04
江苏	162.10	0.85	15.80	155.99	0.96	15.20
浙江	601.36	2.17	59.07	604.99	2.81	59.43
江西	1 001.81	4.08	60.01	1 021.02	5.07	61.16
安徽	380.42	1.81	27.53	395.85	2.22	28.65
湖北	713.86	2.87	38.40	736.27	3.65	39.61
湖南	1 011.94	3.31	47.8	1 052.58	4.07	49.69
重庆	316.44	1.47	38.4	354.97	2.07	43.11
贵州	653.35	3.01	37.1	771.03	3.92	43.77
四川	1 703.74	16.80	35.2	1 839.77	18.60	38.03
云南	1 914.19	16.93	50.03	2 106.16	19.73	55.04
合计	8 466.02	53.12	41.3（平均）	9 047.53	63.17	44.14（平均）

　　珍稀濒危水生生物保护切实加强。截至 2019 年，我国已建立 15 个与长江江豚保护相关的保护区，覆盖了 40% 的长江江豚分布水域，保护近 80% 的种群，初步建成就地保护体系。近 40 年来，长江江豚种群快速下降的趋势有所缓解。从 2018 年开始，农业农村部在长江实施了关于中华鲟、长江江豚、长江鲟的 3 个拯救行动计划，加快推进长江江豚

繁育研究，连续 3 年实施长江江豚迁地保护行动，在江西、四川、安徽等省份大力开展珍稀濒危特有物种增殖放流，积极推动长江江豚保护等级提升和中华鲟、达氏鲟等野生种群恢复。但是，长江水生生物保护形势依旧严峻，目前整个长江流域长江江豚有 1 012 头，白鲟等珍稀濒危水生生物濒临灭绝。

鱼类资源逐渐恢复。研究表明，长江实施禁渔和人工增殖等措施，有效遏制了长江中游"四大家鱼"等鱼类资源衰退趋势[①]，近 5 年监测数据表明，种群数量恢复明显。

濒危野生动物种群的数量扩大。陆生野生动物保护力度逐年加大，各地每年连续开展大熊猫、扬子鳄、红腹锦鸡、白颈长尾雉等放归自然等保护行动，建立了大熊猫、朱鹮等一批野生动物科研繁育基地。全国第四次大熊猫调查结果显示，野生种群数量稳定增长[②]，比第三次调查的大熊猫数量增加 268 只，增长 16.8%。全国野生大熊猫种群数量达 1 864 只，圈养大熊猫种群数量达到 375 只，野生大熊猫栖息地面积为 258 万 hm^2，潜在栖息地面积为 91 万 hm^2，分布在四川、陕西、甘肃三省的 17 个市（州）、49 个县（市、区）、196 个乡镇。有大熊猫分布和栖息地分布的保护区数量增加到 67 处。

1.6 自然保护区监管状况

截至 2019 年年底，长江经济带自然保护区数量合计 1 098 处，总面积约为 1 797 万 hm^2，约占区域国土面积的 8.8%（表 1-5），其中国家级自然保护区 177 处，面积约为 756 万 hm^2，已建立国家公园试点 6 处，

① 郑亦婷，韩鹏，倪晋仁，等. 长江武汉江段鱼类群落结构及其多样性研究[J]. 应用基础与工程科学学报，2019，27（1）：24-35.
② 《全国第四次大熊猫调查报告》，国家林业局，2015。

包括普达措国家公园试点、大熊猫国家公园试点、神农架国家公园试点、南山国家公园试点、武夷山国家公园试点和钱江源国家公园试点。

表 1-5　2019 年长江经济带各省（市）自然保护区总体情况

省份	自然保护区数量/处	总面积/hm²	比例/%
上海	4	136 819	2.26
江苏	31	535 846.99	3.96
浙江	37	212 178.86	2.01
江西	201	1 290 470	7.73
安徽	106	467 979.3	3.36
湖北	80	1 124 645.03	5.47
湖南	128	1 309 623	6.18
重庆	57	838 449	10.28
贵州	124	889 823	5.08
四川	169	8 297 505	17.12
云南	161	2 867 600	7.39
合计	1 098	17 970 939.18	8.77

生态环境部、自然资源部、水利部、农业农村部、国家林业和草原局、中国科学院、国家海洋局七部门联合开展"绿盾 2017""绿盾 2018"国家级自然保护区监督检查专项行动，有效提高了地方政府和公众的责任意识，并在摸清各类问题底数、推动问题查处整改、发挥警示教育作用等方面取得了显著成效。"绿盾"国家级自然保护区监督检查专项行动开展以来，国家级自然保护区新增或规模扩大的人类活动面积和数量

均呈下降趋势。遥感监测发现，国家级自然保护区新增或规模扩大的人类活动面积从 2017 年上半年监测的 61.5 km^2 下降至 2018 年下半年监测的 11.2 km^2，面积下降了 81.8%；数量从 2017 年上半年监测的 6 027 处下降至 2018 年下半年监测的 2 384 处，数量下降了 60.4%。

2017—2018 年，生态环境部联合相关部门组织开展了长江经济带 120 处国家级自然保护区管理评估。2019 年 8 月，生态环境部联合自然资源部、国家林业和草原局印发《关于印发长江经济带 120 处国家自然保护区管理评估报告的函》（环办生态函〔2019〕539 号），评估结果表明，长江经济带国家级自然保护区管理工作取得积极进展，绝大部分保护区设置了独立管理机构，所有的保护区都建立了管理制度并开展了日常巡护工作，自然保护区主要保护对象状况基本稳定，部分重点保护野生动植物数量稳中有升，保护区与社区协同发展取得一定成效。从各省总体情况来看，上海、江苏、浙江、湖北、江西等省（市）评估情况较好。其中评估结果排在前十名的包括四川卧龙、湖北五峰后河、江苏泗洪洪泽湖湿地、湖北神农架、江苏大丰麋鹿、贵州赤水桫椤、江西武夷山、浙江天目山、贵州梵净山、江西九连山等保护区。长江经济带 120 处国家级自然保护区评估结果排在后十名的包括安徽扬子鳄、重庆缙云山、重庆五里坡、贵州佛顶山、长江上游珍稀特有鱼类（贵州段）、云南文山、江西赣江源、江西铜钹山、四川察青松多白唇鹿、四川长沙贡玛等保护区。

1.7 本章小结

本章阐述了国家各相关部门及沿江 11 个省（市）以"共抓大保护、不搞大开发"为核心，秉承绿色发展思路，开展了大量工作，实施多项专项行动，并取得了积极成果。2019 年，长江经济带水环境质量持续优良，达到或优于III类断面比例为 80.7%，较 2014 年上升了 13.1 个百分点，较 2018 年上升了 1.5 个百分点；劣 V 类断面比例为 1.6%，较 2014 年下降了 5.7 个百分点，较 2018 年下降了 0.3 个百分点，长江干流及主要支流水质良好，基本上均达到或优于 II 类标准，洞庭湖、鄱阳湖、巢湖、太湖、滇池等重点湖泊水质轻度污染，总体水质为IV类、V类，长三角地区水质总体良好；长江经济带 126 个城市平均优良天数比例为 84.8%，比全国平均水平高出 2.8 个百分点；2015—2019 年，长江经济带平均优良天数比例上升 4.2 个百分点；$PM_{2.5}$、PM_{10}、SO_2、CO 平均质量浓度呈逐年降低态势，累计分别下降 25.0%、24.0%、57.1%、25.0%，但 $PM_{2.5}$ 平均质量浓度 5 年连续超标；土壤环境管理制度逐步完善，土壤污染源头防控力度不断加大，农用地安全利用稳步推进，土壤污染治理与修复技术应用试点工作逐步开展；长江水生生物保护制度逐渐完善，保护能力逐步提升，非法捕捞现象得到有效遏制。

2

入河排污口与"三磷"专项排查

入河排污口的水环境质量与地表水环境质量密切相关。污染物排放基数大是长江流域水污染的主要因素,而入河排污口是污染物进入河流的最后一道"闸口","闸口"管理的好坏直接关系到长江水环境质量和生态环境安全。加强入河排污口监督管理是水资源管理和水环境保护的重要手段,是水污染防治的重要措施。

"十三五"期间,总磷成为长江经济带水体首要污染因子,长江流域的总磷污染开始引起各方面的高度关注。我国"三磷"[磷矿、磷化工(含磷肥、含磷农药、黄磷制造等)、磷石膏库]企业主要分布在长江经济带的四川、云南、贵州、重庆、湖南、湖北、江苏等 7 个省(市),企业分布与长江流域总磷污染程度呈正相关。

2.1 入河排污口专项排查进展及整治建议

2.1.1 工作背景

2018 年 3 月，中共中央印发《深化党和国家机构改革方案》，明确将水利部的入河排污口设置管理职责划入生态环境部。2018 年 6 月，中共中央、国务院印发《关于全面加强生态环境保护 坚决打好污染防治攻坚战的意见》，明确提出"排查整治入河入湖排污口"。2018 年 12 月，生态环境部、国家发展改革委联合印发《长江保护修复攻坚战行动计划》，计划提出将"排查整治排污口，推进水陆统一监管"作为长江保护修复的一项重要任务，要求选择有代表性的地级城市深入开展各类排污口排查整治试点工作，综合利用卫星遥感、无人机航拍、无人船监测和智能机器人探测等先进技术，全面查清各类排污口情况和存在的问题，实施分类管理，落实整治措施；通过试点工作，探索排污口排查和整治经验，建立健全一整套排污口排查整治标准规范体系；2019 年完成试点工作，之后在长江干流及主要支流全面开展排污口排查整治，并持续推进。

为落实中央改革要求和污染防治的工作部署，2019 年 2 月 15 日，生态环境部在重庆召开长江入河排污口排查整治专项行动暨试点工作启动会，打响了长江入河排污口排查整治工作的"发令枪"。专项行动将排查范围确定为长江经济带覆盖的沿江 11 个省（市），综合考虑工作基础、自然特点、气象条件等多种因素，将重庆市渝北区和江苏省泰州市作为此次专项行动的试点。试点城市全面查清各类排污口情况和存在的问题，并实施分类管理，落实整治措施，形成行之有效、可复制、可推广的技术规范和工作规程。其他城市"压茬式"跟进，借鉴试点经验

做法，结合本地实际，全面铺开排查整治工作。

2.1.2 工作进展

长江入河排污口排查整治专项行动以长江干流（四川省宜宾市至入海口江段）、主要支流（岷江、沱江、赤水河、嘉陵江、乌江、清江、湘江、汉江、赣江）及太湖为工作重点，涉及上海、重庆两个直辖市以及其他 9 个省份的 58 个地市和 3 个省直管县级市。专项行动要求各地通过两年左右的时间，重点完成"查、测、溯、治"4 项主要任务：查，就是在原有工作基础上，综合运用卫星遥感、无人机航拍、无人船监测以及智能机器人探测等先进技术手段和人工排查，全面摸清所有直接、间接排放污染物的各类排污口；测，就是各地按照边排查、边监测的原则，制订入河排污口监测计划，了解排放状况；溯，就是对监测发现排污问题突出的排污口进行溯源，厘清排污责任；治，就是在排查、监测、溯源的基础上，按"一口一策"的原则，分类型、分步骤、有重点地开展排污口清理整治工作。对入河排污口整治实行销号制度，整治完成一个，销号一个。

长江入河排污口排查整治专项行动排查范围为长江干流及主要支流以两侧现状岸线为基准向陆地一侧延伸 2 km，包括所有人工岸线、自然岸线和江心岛，以及太湖湖堤轴线外延 2 km。排查对象为所有通过管道、沟、渠、涵闸、隧洞等直接向长江干流及主要支流、太湖排放废水的排污口，以及通过河流、滩涂、湿地等间接排放废水的排污口。专项行动采用三级排查的模式对排查范围及对象进行全面调查，实现应查尽查：第一级排查利用卫星遥感、无人机航测，按照"全覆盖"的要求开展技术排查，分析辨别疑似入河排污口；第二级排查为人工徒步现场排查，组织工作人员对排查范围内汇入河流、河涌、溪流、沟渠、滩涂、湿地、潮间带、岛屿、码头、工业聚集区、城镇、暗管、渗坑、裂缝等开展"全口径"排查，核实入河排污口信息；第三级排查对疑难点进行重点攻坚，进一步完善入河排污口名录。

自 2019 年 2 月启动以来，长江入河排污口排查整治专项行动稳步推进：2019 年 3 月，来自生态环境部机关、直属单位和各地一线执法队伍的 130 余名人员对江苏省泰州市、重庆渝北区（含两江新区嘉陵江段）的入河排污口进行排查，探索建立工作模式，形成工作经验；4—8 月，在试点工作的基础上，对沿江 11 个省（市）的 63 个城市开展无人机航测，统一规范要求和图像解译，完成一级排查任务；9 月，组织 1 000 余名人员对江苏、浙江、重庆、贵州、云南 5 个省（市）入河排污口（第一批）开展现场排查，合计排查岸线长度约 7 000 km；11 月，组织 1 000 余名人员对上海、湖北、安徽 3 个省（市）入河排污口（第二批）开展现场排查，合计排查岸线长度约 8 000 km；12 月，组织 1 000 余名人员对江西、湖南、四川 3 个省份入河排污口（第三批）开展现场排查，合计排查岸线长度约 9 000 km；2020 年 1 月，对二级排查结果组织开展查缺补漏、质控审核工作，完成三级排查任务。

长江入河排污口排查整治专项行动中，生态环境部及试点地区印发了多项文件支撑排查整治工作的稳步进行。2019 年 2 月，生态环境部印发《长江入河排污口排查整治试点方案》，明确试点工作任务和工作方式方法；2—4 月，两个试点地区相继印发《重庆市渝北区长江入河排污口排查整治试点工作方案》和《江苏省长江入河排污口排查整治专项行动工作方案》，细化试点工作流程和保障措施；3 月，生态环境部印发《入海（河）排污口排查整治无人机航空遥感技术要求（试行）》，指导长江沿岸省（市）做好入河排污口一级排查工作；6 月，生态环境部印发《长江入河排污口排查整治工作资料整合基本要求》，为开展入河排污口排查整治工作提供基础信息支撑；8 月，生态环境部印发《长江入河和渤海地区入海排污口排查整治专项行动监测工作方案》，指导排污单位和入河、入海排污口责任单位开展自行监测，地方生态环境部门开展监督监测。

2.1.3　存在的问题

（1）入河排污口未建立与水质改善的关联关系

入河排污口是连接陆上排污单位和受纳水体的纽带，是控制和减少污染物排放量、改善水质的关键环节，本应在改善水质方面发挥重要作用，但以往水污染物排放管理职责分散，管理工作内容不全面，入河排污口的管理基础没有完全打牢，制约了入河排污口与受纳水体水质改善关联关系的建立。长期以来，入河排污口的数量不清、排放量不清、排放规律不清造成基于水环境质量改善的精细化污染控制措施不能有效落地。

（2）入河排污口问题判定标准及整治要求不完善

在以往的入河排污口监管工作中，相关管理文件更多地侧重于入河排污口设置的事前、事中过程，但对于入河排污口设置之后的动态管理关注相对较少，排查整治方面的约束性要求较为薄弱，加之各地对于既有规定的贯彻执行力度不足、入河排污口与上游污染源的管理职责分割、入河排污口周边开发程度发生变化、非法偷排等多种原因，导致目前入河排污口存在的问题多种多样。在长江入河排污口排查整治试点工作中，设置手续缺失，直排、雨污混接，口、门不规范等现象普遍存在，亟须提出统一的、规范的、可操作性强的入河排污口问题判定标准和整治要求。

（3）入河排污口责任主体划分不清晰

入河排污口整治责任的落实是入河排污口管理的关键环节之一。在入河排污口溯源工作完成后，当入河排污口与排污单位"一对一"时，排污单位为入河排污口的责任主体，但当入河排污口与排污单位"一对多"时，或者入河排污口承接上游面源污染排放时（如城市雨洪排水口上游存在污水混接情况或承接城市雨水径流污染排放，农田排水口承接农田灌溉退水排放），如何明确界定入河排污口整治责任主体尚不清晰。

2.1.4 整治建议

（1）以改善水环境质量为核心开展综合整治

整治应体现"水陆连通、以水定岸"的系统思路，打通岸上和水里，覆盖河流、湖泊、水库各类水体和工业废水、生活污水、雨洪排水、农田排水等各类排放源，根据受纳水体生态环境功能需求倒逼陆上排污单位整治，实现"受纳水体—排污口—排污管线—排污单位"全链条监管。同时，入河排污口整治应突出重点、分步推进，在全面排查、摸清底数、建档立标、建成全国统一管理平台、实现入河排污口信息化管理的基础上，以工业企业排污口、污水集中处理设施排污口等常规排污口以及混合排污口为重点开展整治，对符合条件予以保留的纳入日常监管；同时国家层面应鼓励有条件的地方对城市雨洪排水口和农田排水口开展环境监管试点，积累经验后再全面推行。

（2）明确界定入河排污口问题判定及整治情形

虽然国家层面尚未出台相关技术文件，但我国现有法律法规、政策制度、标准规范中已体现了对于入河排污口建设和使用的要求。如《中华人民共和国水法》第三十四条规定，"禁止在饮用水水源保护区内设置排污口"，第六十七条规定，"在饮用水水源保护区内设置排污口的，由县级以上地方人民政府责令限期拆除、恢复原状"；《城镇排水与污水处理条例》第十九条规定，"在雨水、污水分流地区，新区建设和旧城

中国环境规划政策绿皮书

长江经济带生态环境保护修复进展报告 2019

区改建不得将雨水管网、污水管网相互混接",第二十条规定,"城镇排水设施覆盖范围内的排水单位和个人,应当按照国家有关规定将污水排入城镇排水设施";《污水综合排放标准》(GB 8978—1996)第 4.1.5 条规定,"GB 3838 中Ⅰ、Ⅱ类水域和Ⅲ类水域中划定的保护区,GB 3097 中一类海域,禁止新建排污口"。与入河排污口设置相关的法律法规、政策制度、标准规范中的要求,均可作为开展整治工作的重要依据。国家层面应加快相关研究,整合已有规定,同时总结地方在入河排污口排查整治实施过程中的新问题,提出适用的入河排污口问题判定标准和整治要求,以指导地方施行。

(3)压实政府和排污单位的责任

《中华人民共和国环境保护法》第六条规定,"地方各级人民政府应当对本行政区域的环境质量负责",因此地方人民政府应该对入河排污口的整治负总责,保证入河排污口整治工作的系统性和实施效果。《中华人民共和国环境保护法》第五条规定,"环境保护坚持保护优先、预防为主、综合治理、公众参与、损害担责的原则"。我国入河排污口排放来源和使用情况存在多种情形,排污口使用主体众多,难以界定的情况普遍存在,应通过溯源确定每个入河排污口排放污染物的来源清单,按照"损害担责"的原则,根据污染物来源清单确定入河排污口责任主体,推动整治工作的具体实施。

2.2 "三磷"专项排查进展及整治建议

2.2.1 工作背景

开展长江"三磷"专项排查整治行动,是打好长江保护修复攻坚战的重要任务之一。推动长江经济带发展,前提是坚持生态优先,将修复长江生态环境摆在压倒性位置，逐步解决长江生态环境透支的问题。2018 年 12 月，生态环境部、国家发展改革委两部委联合发布《长江保护修复攻坚战行动计划》，提出推进"三磷"综合整治的主要任务，以湖北、四川、贵州、云南、湖南、重庆等省（市）为主，开展"三磷"专项排查整治行动，针对磷矿，重点排查矿井水等的污水处理回用和监测监管等情况，针对磷化工，重点排查企业和园区的初期雨水、含磷农药母液收集处理以及磷酸生产环节磷回收情况，针对磷石膏库，重点排查规范化建设管理和综合利用等情况。2019 年上半年，相关省（市）完成排查，制定限期整改方案，并实施整改。2020 年年底前，对排查整治情况进行监督检查和评估。

开展长江"三磷"专项排查整治行动，是改善长江经济带总磷污染现状的举措之一。"十三五"期间，总磷已成为长江经济带水体首要污染因子。磷矿资源和磷化工产业分布与总磷污染分布具有较高的相关性，以"三磷"为首的工业污染源是长江总磷污染的重要来源之一，长江"三磷"专项排查整治行动可有效摸清涉磷企业磷污染防治状况，为进一步开展工作奠定基础。

开展长江"三磷"专项排查整治行动，是提升磷矿采选、磷化工企业生态环境保护管理水平的有效途径。《水污染防治行动计划》《重点流域水污染防治规划（2016—2020 年）》提出实施重点流域、重点地区总磷污染综合治理。《"十三五"生态环境保护规划》提出："重点开展 100 家磷矿采选和磷化工企业生产工艺及污水处理设施建设改造。大力推广磷铵生产废水回用，促进磷石膏的综合加工利用，确保磷酸生产企业磷回收率达到 96% 以上。"2017 年 7 月发布的《长江经济带生态环境保护规划》提出了重点流域涉磷企业专项整治要求。长期以来，长江经济带磷化工企业固体废物倾倒泄漏问题频发，废水偷排漏排、超标排放情况时有发生，且历史遗留问题严重。在部分重点地区和重点流域，磷矿采选和磷化工企业的污染防治能力已无法满足水生态环境保护和水质改善需要，亟须开展相关整治行动，提升"三磷"污染防治水平。

2.2.2 工作进展

（1）印发相关方案，明确工作安排和污染防治任务

2019 年 2 月，生态环境部明确了纳入"三磷"排查整治行动范围的"三磷"企业清单，筛选了磷矿、磷肥企业、含磷农药企业、黄磷企业和磷石膏库的主要水污染防治工作任务，并确定了工作总体目标和完成时限。2019 年 4 月，生态环境部印发《长江"三磷"专项排查整治行动实施方案》，通过查问题、定方案、校清单、督进展、核成效五个步骤进一步明确了专项行动的任务要求和时间节点。

（2）开展专项行动，稳步推进企业排查整治

2019 年 5 月起，生态环境部组织湖北、贵州、云南、四川、湖南、重庆、江苏 7 个省（市）开展"三磷"问题地方自查、整治方案制定及系统上报等工作。2019 年 8 月，地方自查工作全面结束，共收集到 692 家"三磷"企业信息，包括磷矿 229 个、磷肥企业 252 家、含磷农药企业 29 家、黄磷企业 85 家、磷石膏库 97 个，其中 276 家存在生态环境问题，占比 40%；磷石膏库问题企业占比 53.6%，问题最为突出；磷矿问题企业占比较低，也达到了 25.3%。地方自查企业问题涉及广泛，涉及磷石膏库防渗措施不到位、地下水监测不规范，磷肥企业雨污分流不完善，黄磷企业尾气"点天灯"、无组织排放，含磷农药企业危险废物贮存不规范，磷矿企业矿井水超标排放等问题。7 个省（市）全部完成"一企一策"整改方案制定工作，各家企业制定了整改方案并明确了时间节点和责任人。

（3）编制技术指南，明确排查整治技术要点

为妥善解决"三磷"企业存在的突出生态环境问题，2019年7月，生态环境部发布《关于印发〈长江"三磷"专项排查整治技术指南〉的通知》（环执法发〔2019〕12号），按照分类施策、科学整治的思路，针对磷矿、磷肥企业、含磷农药企业、黄磷企业、磷石膏库五类重点磷污染源，按照"三个一批"要求，分别明确了关停取缔、整治规范、改造提升等要求，分重点列举了"三磷"企业排查的主要内容和工作重点，阐释了各企业产污、治污环节的整治要点，为地方开展工作提供了技术参考。

（4）开展技术培训，加强地方和企业人员技术沟通交流

2019年10月，生态环境部于北京举办长江"三磷"专项排查整治行动培训班，来自7个省（市）的生态环境部门工作人员和重点企业负责人近400人参加了培训。培训班针对磷矿、磷肥企业、含磷农药企业、黄磷企业、磷石膏库五类重点磷污染源分别设置课程，开展了长江"三磷"专项排查整治技术要点解读，指导企业完善细化"一企一策"整改方案，提高各级生态环境部门的服务工作水平，协助企业进一步提升工艺技术水平和污染防治水平。

（5）开展帮扶监督，推动地方顺利开展专项工作

2019年5月，"三磷"专项排查整治行动纳入2019年统筹强化监督工作（第一阶段），开展了部分"三磷"企业的现场情况核查监督。2019年8月，相关科研单位专家团队选择典型"三磷"企业开展"点对点"技术指导帮扶，研究可复制、可推广的"一企一策"整改方案样板。2019年11月，生态环境部组织相关单位针对四川、贵州、云南等省份共99家企业开展了现场技术指导帮扶。

2.2.3 存在的问题

（1）磷矿矿井水无法稳定达标排放、贮矿场雨污分流不彻底、总磷在线监测系统有待完善

采用地下开采方式的磷矿矿井涌水受开采深度、降水条件的影响，水量不稳定，一些磷矿实际涌水量超过设计涌水量 2 倍多，导致企业污水处理能力不能满足处理需求，磷矿外排水无法稳定达标。部分露天堆放磷矿在降雨期间汇入河流径流中的总磷含量是无降雨期间的 20 倍以上，在雨污分流不当的贮矿场，雨水在流经淋滤贮矿场的堆体后携带磷矿石粉末流出厂界并进入附近水体，造成磷流失。根据专项行动统计数据，长江经济带 229 家磷矿企业中，60 家为重点排污单位，其中 38 家未安装总磷在线监测设备，因此未与当地生态环境主管部门联网，难以监控磷矿废水排放情况。

（2）磷肥生产企业环境管理不到位、雨污分流不彻底

磷肥生产企业规模普遍偏小，存在厂区设计不规范、设备陈旧老化等问题，加之企业环境管理粗放、环保意识淡薄，容易因环境管理不到位出现"跑、冒、滴、漏"等无组织排放问题。部分磷肥生产企业厂区设计年代较为久远，存在雨污分流不彻底和初期雨水池偏小的问题，加之厂区原料堆场地面普遍未硬化，雨季含磷废水存在外溢风险。

（3）磷石膏库规范化建设水平偏低、建设运行管理松散、地下水监测不规范

我国磷肥行业发展较早，但磷石膏库运行管理规范出台较晚，在 2016 年国家安全生产监督管理总局发布《磷石膏库安全技术规程》（AQ 2059—2016）以前，磷石膏堆场均参照《一般工业固体废物贮存、处置场污染控制标准》（GB 18599—2001）等进行建设和运行管理，难

以满足磷石膏堆场的污染防治要求。新建堆场存在建设期防渗防雨工程建设不到位、堆存过程不规范、闭库后防渗防雨处理不严格等问题与隐患。大部分磷石膏堆场利用监测井开展磷石膏堆场地下水监测的工作力度不足，地下水监测井建设存在问题，未开展规范化的监测和记录，对地下水监测情况掌握不清、重视不够。

（4）黄磷生产企业"点天灯"、无组织排放问题严重，初期雨水收集不完善

部分企业对黄磷生产中产生的大量一氧化碳尾气处理较为粗放，直接点燃排空，造成尾气中磷、砷、硫等元素的污染物无序排入周边环境。老旧黄磷生产企业建设粗放，生产装置区域多个节点存在无组织排放问题，如水淬渣池淬渣水蒸气、折流池水蒸气、泥磷回收环节的转炉或烧酸烟气、老旧循环闭路的渗漏污水、原料堆存和运输场地的粉尘、磷渣暂存场地的磷渣和渗滤液等的无组织排放，甚至存在元素磷自燃的情况。部分企业存在雨污分流管道不清晰、初期雨水切换阀门无法及时切换、未建初期雨水收集池或池体无法满足要求等问题，无法有效满足初期雨水收集处理要求。

（5）含磷农药企业地区间管理要求不一致，母液治理设施设计运行技术能力缺乏

部分含磷农药企业长期存在母液回收治理设施建设环评手续缺乏、运行参数未达到标准要求、自行监测未落实、初期雨水池容积偏小等问题，却未得到当地生态环境部门的重视。草甘膦（双甘膦）等含磷农药母液及废水成分复杂，有机磷污染物质量浓度高，处理难度较大，部分中小企业缺乏技术攻关团队，导致母液治理设施不能顺畅运行，停机率较高，部分对生化系统影响较大的有机污染物未有效去除，废水处理系统运行不正常，产出的副产盐无法达到行业标准要求，未达

到资源化利用的目的。

2.2.4 整治建议

（1）强化磷矿矿井涌水全过程管控，因地制宜建设贮矿场雨污分流设施，强化自动监测设备建设运行和监管

根据井下安全和环保要求开展废水收集处理设施设计，采用絮凝、混凝沉淀工艺对矿井水进行多级沉淀，优化矿井涌水收集处理事故应急方案，建设突发环境事故应急池，保证汛期或矿井涌水量激增时矿井废水稳定达标排放。根据建设条件建设截洪沟和防雨棚，防止山水或雨水进入贮矿场，避免淋滤水或污染雨水未经收集处理直排进入环境水体。以重点排污单位为主，推进磷矿企业安装排污口在线监测设备，并实现与当地生态环境主管部门平台联网。

（2）提升磷肥生产行业产业集中度，健全行业清洁生产机制

限批磷肥生产行业新建项目，引导企业实现资源优化配置，鼓励兼并重组，淘汰落后产能，不断提高产业集中度；采用先进的磷酸、硫酸生产技术，不断提高装备技术水平；加强企业初期雨水现场管理；促进磷肥行业标准化建设、健全清洁生产机制，提升磷肥行业清洁生产水平，降低环境风险，实现行业绿色发展。

（3）强化磷石膏库地下水监测，强化防渗建设和渗漏补救，提升磷石膏综合利用率

根据地下水监测要求，开展水文地质调查，科学妥善选取地下水监测井设置点位，至少设置 3 口地下水水质监控井并定期开展地下水监测。通过地下水监测井及周边泉眼、河流水质异常变化判断磷石膏库渗漏情况，一旦确认渗漏，及时通过地质勘查手段，对地下水径流上游实施截流引流，堆场表面实施铺膜防渗，将地下水径流下游受污染地下水抽出

后处理，并进行堆体水平排渗。通过提升磷石膏质量、完善磷石膏建材标准等措施，推进磷石膏综合利用。

（4）黄磷企业"灭天灯"，进行无组织排放废气整治，实行雨污分流和防渗堵漏

通过磷炉运行压力控制和火炬管盲断水封等方式，拒绝黄磷尾气直排燃烧，确保安全泄压，实现尾气进一步综合利用。淬渣池进行炉渣降温、顶棚加盖和水蒸气负压收集，对淬渣过滤水单独设置废水收集管道和围堰，循环池和沉降池加盖处理并负压收集废水，泥磷回收环节加装烟气收集设施，杜绝废气无组织排放。污水沟渠和雨水沟渠严格区分，清理雨水沟，修整初期雨水收集装置和渗漏管渠、水池，在易跑、冒、滴、漏处进行围堰设置和防渗处理。

（5）严格整治和取缔含磷农药企业，实施清洁生产

对尚未建设污染防治设施的草甘膦生产企业进行严格整改，要求增设污水处理设施，无法达到环保要求的予以关停取缔。对已建设污染防治设施的草甘膦生产企业，以排污许可证为抓手，加强企业自主管理，落实企业主体责任。除严格把控含磷农药企业达标排放外，应通过企业生产工艺升级、副产物资源回收等方式促进企业实施清洁生产，减少资源流失。

2.3 本章小结

2019 年，生态环境部针对点源治理，在长江经济带区域开展了长江入河排污口排查整治专项行动、"三磷"排查整治专项行动，总体效果良好，其中长江入河排污口排查整治专项行动自 2019 年 2 月启动以来，在江苏省泰州市、重庆市渝北区试点经验基础上，生态环境部组织 3 000 余名人员顺利地完成了三级排查任务，合计排查岸线长度约 2.4 万 km，

初步掌握了排污口总体情况。"三磷"专项排查整治方面，2019 年 5 月起，生态环境部组织湖北、贵州、云南、四川、湖南、重庆、江苏 7 个省（市）开展"三磷"问题地方自查、整治方案制定及系统上报等工作，共收集到 692 家"三磷"企业信息，其中 276 家存在生态环境问题，占比 40.0%，7 个省（市）全部完成"一企一策"整改方案制定工作，明确了时间节点和相关责任人。

两项专项行动取得了一定的进展，但是仍然存在规范标准不统一、监测能力薄弱、管理不规范等问题，下一步建议针对建立标准体系、完善监管体系、落实主体责任、提升能力建设等方面强化相应工作，为"十四五"期间更好地控制点源污染提供基础信息支撑。

3

长江岸线资源开发利用状况

岸线资源是指占用一定范围水域和陆域空间的水土结合的国土资源，其利用涉及水、路、港、产、城和生物、湿地、环境等多个方面。长江岸线既是港口、产业及城镇布局的重要载体，也是长江的生态屏障和污染物入江的最后防线。2016年1月，习近平总书记在重庆召开的推动长江经济带发展座谈会上明确指出要"共抓大保护、不搞大开发""要优化已有岸线使用效率，把水安全、防洪、治污、港岸、交通、景观等融为一体，抓紧解决沿江工业、港口岸线无序发展的问题"。2018年4月，习近平总书记深入湖北、湖南等地考察强调，修复长江生态环境是新时代赋予我们的艰巨任务，也是人民群众的热切期盼；当务之急是刹住无序开发之风，限制排污总量，依法从严从快打击非法排污、非法采沙等破坏沿岸生态的行为。作为整个长江经济带生态环境的重要组成部分和核心环节，岸线资源发挥着无可替代的重要的生产、生活和生态环境功能。开展长江岸线资源开发利用生态环境效应研究，能够为落实长江"大保护"战略、开展长江经济带环境保护相关工作

提供重要支撑。

3.1 岸线资源开发现状

长江干流岸线总长 7 908.8 km，目前已开发利用 2 840.3 km，利用率为 35.9%。从沿江各省（市）岸线开发利用的情况来看，上海市、江苏省的岸线开发利用率较高，达到 50.0% 和 59.2%；安徽省、湖南省的岸线开发利用率相对较低，低于 30%（表 3-1）。

表 3-1　长江干流各省（市）岸线利用现状

岸线类型	四川	重庆	湖北	湖南	江西	安徽	江苏	上海	总计
岸线总长/km	498.1	2 042.0	2 167.4	155.9	246.6	1 116.6	1 184.9	497.3	7 908.8
港口码头岸线/km	23.3	83.0	253.1	21.2	39.9	107.1	353.6	64.4	945.6
工业生产岸线/km	43.5	110.1	121.9	5.5	33.9	85.7	179.4	20.8	600.8
城镇生活岸线/km	82.5	495.6	228.0	0.0	12.9	64.5	113.3	23.4	1 020.3
其他人工岸线/km	0	4.4	62.4	0	9.0	2.2	55.4	140.2	273.5
开发利用率/%	30.0	33.9	30.7	17.2	38.8	23.2	59.2	50.0	35.9

从利用结构来看，长江中上游省份城镇生活岸线占比相对较高，下游省份港口码头、工业生产岸线占比较高，湖南岸线利用几乎全部为港口码头、工业生产，上海、江苏、安徽、江西 4 个省（市）港口码头、工业生产利用类型占比约为 80%（图 3-1）。

从地级以上城市来看，下游城市岸线开发利用率较高，中上游城市岸线开发利用率相对较低，其中无锡市岸线开发利用率达 95.4%，苏州、扬州、南通岸线开发利用率也在 70% 以上；而岸线开发利用率低于 20% 的城市包括荆州、岳阳、咸宁、安庆、铜陵，其中咸宁最低，为 11.7%

（图 3-2）。在利用结构方面，下游城市港口码头、工业生产岸线占比较高，特别是江苏省，除南京以外，其沿江城市港口码头、工业生产岸线占比均在 80% 以上（图 3-3）。

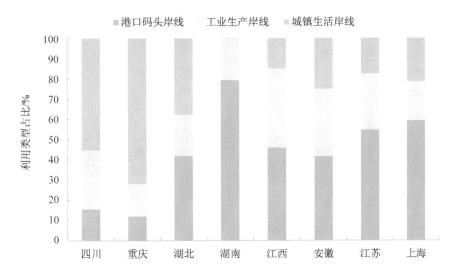

图 3-1　长江干流各省（市）岸线开发利用结构

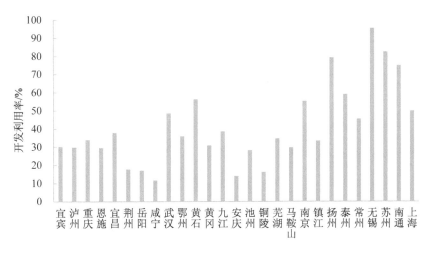

图 3-2　各城市长江岸线开发利用率

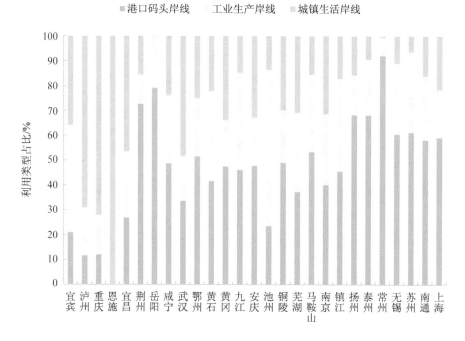

图 3-3　各城市长江岸线开发利用结构

3.1.1　港口码头岸线开发现状

　　港口码头开发利用是长江岸线最主要、最直接的开发活动,对水域、陆域生态环境影响亦最为明显。基于港口码头的类型、规模和形式将其归纳为大中型港口及仓储、沙石等小码头及堆场、企业码头及其他。长江港口码头岸线长达 945.6 km,主要分布在江苏、湖北、安徽、重庆等 4 个省(市),其中江苏省、湖北省港口码头岸线长度分别为 353.6 km、253.1 km。从遥感解译和调查结果来看, 3 种类型长度大致相当,沙石等小码头及堆场岸线较长,为 350.9 km,主要分布在湖北省(图 3-4)。

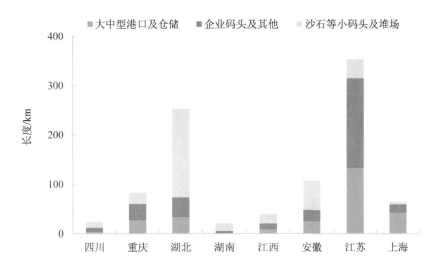

图 3-4　各省（市）港口码头岸线利用类型

从城市来看，荆州、重庆、南通的港口码头岸线较长，皆超过 80 km，但是结构却相差较大，重庆市港口码头岸线 3 种利用类型相对均衡，南通以大中型港口和企业码头为主，而荆州以沙石及小码头堆场为主。总的来看，下游地区以大中型港口和企业码头为主，中上游地区沙石码头、小码头占比较高，中上游地区大型港口码头岸线主要分布在重庆、宜昌、武汉、九江等港航枢纽城市（图 3-5）。

随着长江大保护战略的提出，沿江港口码头开发活动得到了大幅的遏制，特别是已规划的港口码头也处于规划修编和停建的状况。以芜湖为例，在长江大保护战略提出以后，《芜湖市城市总体规划（2012—2030）》中对港口码头等生产岸线进行了大幅压缩性的修编，将芜湖上游的港口码头岸线修编为生态岸线。

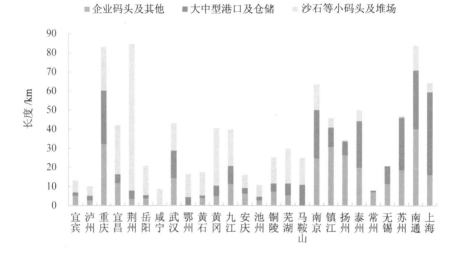

图 3-5　各城市港口码头岸线利用类型

对沙石等小散乱码头开展了系列整治行动,很大一部分进行了清退、整治和集约化改造。湖北省开展长江非法码头治理工作,已取缔 1 103 个码头,规范提升 52 个码头,腾退 143 km 岸线,清退 1.27 亿 t 港口吞吐能力,生态复绿面积超过 560 万 m^2,长江生态环境得到极大改善和修复;湖南省岳阳市取缔了长江干流岸线上的 39 处非法沙石码头,同时全面实施了生态修复,腾退可利用岸线 10 km;江苏省出台《江苏省沿江沙石码头布局方案》,对沙石码头进行规范化、集约化布局。

3.1.2　工业生产岸线开发现状与趋势

工业企业布局为长江干流岸线主要的开发活动,基于滨岸企业布局规律将工业生产岸线归纳为化工企业岸线、船舶企业岸线、钢铁企业岸线、能源企业岸线及其他工业企业岸线(图 3-6)。

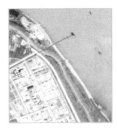

图 3-6 典型工业企业岸线遥感图示

长江干流工业生产岸线长达 600.8 km，主要分布在江苏、湖北、重庆、安徽等 4 个省（市），其中江苏省工业生产岸线长 179.4 km。从遥感解译和调查结果来看，化工企业岸线和船舶企业岸线为主要类型，其中化工企业岸线为 129.7 km，船舶企业岸线为 86.0 km（图 3-7）。

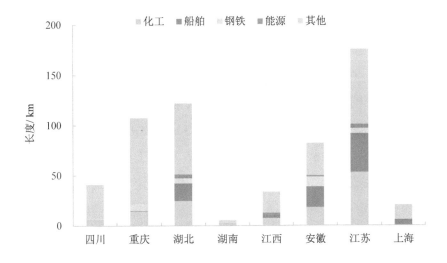

图 3-7 长江干流省份工业生产岸线利用类型

从城市来看，工业生产岸线（长度大于 30 km）主要分布在重庆、南京、宜昌、镇江、南通、九江等城市；化工企业岸线（长度大于 10 km）

主要分布在南通、重庆、苏州等城市，其中南通化工企业岸线长达16.9 km；船舶企业岸线（长度大于 5 km）主要分布在南京、泰州、芜湖、南通、池州、镇江等城市，其中南京船舶企业岸线长达 15.3 km；钢铁企业岸线（长度大于 2 km）主要分布在重庆、池州、芜湖、南京、无锡、铜陵等城市；能源企业岸线主要分布在黄石、南京、九江、泰州、铜陵等城市。

大量化工企业滨江布局，长江沿岸 5 km 范围内规模以上化工企业数从 2000 年的约 600 家增长到 2013 年的约 1 300 家，近年来沿江省（市）开展了一系列化工专项整治行动，国家层面也提出了沿江 1 km 禁止新建化工项目等政策措施，沿江地区也纷纷出台化工企业退出计划，中远期来看"化工围江"问题可以得到一定的缓解，然而局部地区化工临岸布局问题的解决方案仍然具有不确定性。

从远期来看，部分大型工业企业、长江沿岸 1 km 范围内化工企业的搬迁有望缓解局部岸段的工业岸线利用程度。下游以南京市为例，2018 年 11 月，中国宝武集团正式公布于 2028 年年底前完成梅钢搬迁；同时，金陵石化、南钢等大型企业亦纳入搬迁计划；梅钢、金陵石化、南钢分别占用长江岸线约 4 km、4 km 和 3 km。中游以宜昌市猇亭区为例，猇亭区拥有 12 km 长江岸线，布局 16 家化工企业，2018 年猇亭区推动 16 家化工企业完成"关、转、搬"，积极推动沿江 1 km 范围内符合条件的化工企业启动搬迁，对岸线进行整治复绿。

3.1.3 城镇生活岸线分布

城镇生活建设为长江干流岸线主要的开发活动，其相对于港口和工业开发来说对生态环境的影响较小，随着近年来公众对滨江岸线景观的需求，城镇生活岸线也被给予了极大关注（图 3-8）。长江干流城镇生活岸线长达 1 020.3 km，主要分布在重庆、湖北、江苏、四川、安徽等 5 个省（市）。其中，城市滨江公园占用岸线 94.5 km，主要分布在江苏、湖北、重庆和安徽（长度大于 10 km）。

图 3-8　典型城镇生活岸线

从城市来看，城镇生活岸线（长度大于 50 km）占用较多的城市包括重庆、宜昌、武汉、泸州、南京等；而城市滨江公园岸线主要分布在武汉、南京、重庆、上海、镇江、芜湖等城市，其中以武汉汉口江滩公园、南京中国绿化博览园、镇江扬中滨江公园、芜湖滨江公园等城市滨江公园为代表。

通过对长江沿岸滨江公园典型岸段调研考察发现（图 3-9），以苏州张家港滨江公园为代表的公园岸线开发，公园建设硬化程度较高，水陆交互状态为硬质交互，水域、陆域交界面被人工堤岸隔绝，堤岸无植被，湿地功能丧失；以武汉汉口江滩公园为代表的公园岸线开发，公园建设腹地硬化程度较高，水陆交互部分为硬质，部分为泥沙界面，部分为湿地植物界面，部分岸段水域、陆域交界面相对保留自然状态，生长芦苇等湿生植物，在发挥城镇生活休闲功能的同时保留了部分岸段的湿地功能；以镇江扬中滨江公园为代表的公园岸线开发，公园建设腹地硬化程度相对较低，水陆交互为湿地植物界面，坡岸植物类型丰富、覆盖度较高，在发挥城镇生活休闲功能的同时较好地维护了岸段的湿地生态功能（表 3-2）。

（a）苏州张家港滨江公园

（b）武汉汉口江滩公园

（c）镇江扬中滨江公园

图 3-9　长江沿岸滨江公园典型岸段

表 3-2　典型滨江公园岸段开发的生态功能维持状况

滨江公园名称	公园硬化程度	水陆交互状态	堤岸植被状况	滨江湿地功能保持状况
苏州张家港滨江公园	较高	硬质交互	无	丧失
武汉汉口江滩公园	较高	部分自然交互	部分（芦苇）	部分保持
镇江扬中滨江公园	较低	自然交互	植被丰富	保持

3.2　自然岸线保有状况

　　长江沿岸地区横跨我国中纬度地带，已然成为"世界上规模最大的内河产业带"。长江岸线开发历史悠久，沿岸广布港口码头、工业企业和城镇居民点，成为我国乃至世界最为典型的大河流域岸线开发地区，然而由于密集的岸线开发活动导致了突出的生态环境问题。农业农村部公布的江豚调查结果显示，整体来看，长江江豚种群数量大幅下降的趋势得到遏制，但其极度濒危的状况没有改变、依然严峻，长江干流中江豚更倾向于有自然岸线的区域，而这样的栖息地正不断被压缩、质量下降、生态退化，严重影响到以江豚为代表的长江水生生物的物种维持与生态安全。自然岸线是水体和陆地的接壤地带，水陆交互界面为天然质地（沙质、淤泥、基岩等），无大规模开发活动，水流流态受人工干扰较小。河流岸线维持自然状态，有利于形成多样的河流地貌、水流状态，从而形成多样化的生物栖息地；另外，自然岸线本身是联系陆地和水生生态系统的纽带，是两者间进行物质、能量、信息交换的生态过渡带，因此自然岸线对维护长江水生动物生长、长江滨江湿地保护具有重要作用，对修复长江生态具有重大意义。

由于长江沿岸人类活动密集，长期以来开展了不同程度的农业、工业、城镇、港口码头等开发活动，长江岸线不同于海岸线拥有自然地貌与人工地貌的明显界线，长江岸线保留原生态地貌意义上的自然岸线极其稀少。因此依据长江岸线特点，以恢复自然岸线生态功能（陆域生态功能、水生生态功能等）为目标，综合考虑堤前水域、堤后陆域等不同空间界面人类干扰程度、水陆交互状态、堤岸质地及形态等，构建长江自然岸线分类体系和调查识别规范。将长江岸线及后方陆域一定范围（一般为 1 km）内无港口码头、工业生产区域、密集城镇等开发活动的岸线判别为自然岸线，自然岸线划分为自然交互岸线（洲滩湿地岸线、基岩山地岸线）、小幅干扰岸线（大堤渠化岸线、乡村生活岸线、围堤养殖岸线）（图 3-10）。

长江干流岸线（宜宾合江门以下）长度为 7 908.8 km，自然岸线为 5 068.5 km，自然岸线保有率为 64.1%。结果表明，虽然目前长江自然岸线保有率达 60% 以上，但极具生态价值的洲滩湿地岸线占长江岸线总长的比例已不到 20%，整体自然岸线结构不尽合理。从自然岸线长度来看，湖北省、重庆市的自然岸线长度最长，分别为 1 501.9 km 与

1 348.9 km，湖南省自然岸线长度最短，为 129.2 km。从自然岸线保有率来看，湖南省自然岸线保有率最高，为 82.8%，安徽省、四川省、湖北省与重庆市自然岸线保有率也高于平均水平；江苏省、上海市和江西省自然岸线保有率偏低，分别为 41.2%、49.9% 与 61.2%（表 3-3）。

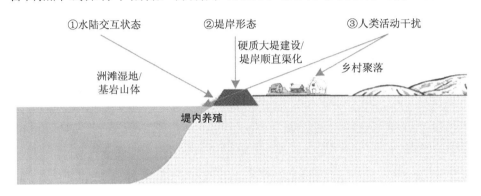

图 3-10　自然岸线类型判别示意

表 3-3　长江沿岸各省（市）自然岸线保有率

省份	岸线总长/km	自然岸线长度/km	自然岸线保有率/%
湖南	155.9	129.2	82.9
安徽	1 116.6	857.0	76.8
湖北	2 167.4	1 501.9	69.3
重庆	2 042.0	1 348.9	66.1
四川	498.1	348.9	70.0
江西	246.6	150.9	61.2
上海	497.3	248.4	49.9
江苏	1 173.8	483.3	41.2

从沿江城市来看，江苏省沿江城市自然岸线保有率较低，其中无锡几乎已无自然岸线，常州、苏州自然岸线保有率亦低于 20%。中上游城

市除武汉、黄石以外均高于 60%。可见从城市角度来看,自然岸线保有率较低岸段主要集中在江苏省沿江城市及中上游部分城市。

3.3 岸线开发对生态环境敏感空间侵占评估分析

（1）自然保护区及水生生物密集分布江段

长江干流重要自然保护区共计 9 处,共涉及岸线 1 658.4 km,其中国家级自然保护区 6 处,涉及岸线 1 465.0 km;省级自然保护区 3 处,涉及岸线 193.4 km。自然保护区岸线资源开发利用 424.1 km,其中港口码头岸线 135.4 km、工业生产岸线 108.1 km、城镇生活岸线 180.6 km,开发利用率为 25.6%,自然保护区岸线开发利用率相较于干流岸线整体开发利用率低 10.3%。自然保护区核心区岸线资源开发利用 125.2 km,其中港口码头岸线 34.8 km、工业生产岸线 38.1 km、城镇生活岸线 52.3 km,开发利用率为 20.8%,自然保护区核心区岸线开发利用率相较于干流岸线整体开发利用率低 15.1%。结果表明,自然保护区的设置一定程度上制约了岸段的开发利用活动,但是部分自然保护区岸段特别是核心区岸段依然有开发活动侵占的现象。

从具体保护区来看,长江上游珍稀特有鱼类国家级自然保护区、宜昌中华鲟省级自然保护区和新螺段白鱀豚国家级自然保护区涉及岸段开发利用岸线长度较长,分别达 231.7 km、77.8 km 和 57.4 km,其中宜昌中华鲟省级自然保护区涉及岸段开发利用率较高,达 65.6%。

从保护区核心区来看,港口码头岸线占用 34.8 km,工业生产岸线占用 38.1 km,港口码头岸线主要分布在新螺段白鱀豚国家级自然保护区,而工业生产岸线主要分布在长江上游珍稀特有鱼类国家级自然保护区。

（2）水产种质资源保护区

长江干流国家级水产种质资源保护区共计 11 处,共涉及岸线

1 458.1 km。资源保护区岸线资源开发利用 550.9 km，其中港口码头岸线 202.7 km、工业生产岸线 185.4 km、城镇生活岸线 162.8 km，开发利用率为 37.8%，资源保护区岸线开发利用率相较于干流岸线整体开发利用率高 1.9%。资源保护区核心区岸线资源开发利用 249.6 km，其中港口码头岸线 94.2 km、工业生产岸线 74.8 km、城镇生活岸线 80.6 km，开发利用率为 37.4%，资源保护区核心区岸段开发利用率相较于干流岸线整体开发利用率高 1.5%。结果表明，水产种质资源保护区的设置在限制岸段开发利用活动上无明显效果，部分岸段开发利用程度远远高于干流岸线整体水平。

从具体资源保护区来看，长江重庆段四大家鱼、长江刀鲚、长江大胜关长吻鮠铜鱼和长江扬中段暗纹东方鲀刀鲚等国家级水产种质资源保护区涉及开发利用岸线长度较长，皆大于 50 km；长江靖江段中华绒螯蟹鳜鱼、长江如皋段刀鲚、长江大胜关长吻鮠铜鱼、长江刀鲚、长江黄石段四大家鱼等国家级水产种质资源保护区涉及岸段开发利用率较高，大于 50%。

从资源保护区核心区来看，港口码头岸线占用 81.5 km，工业生产岸线占用 62.1 km，港口码头岸线（长度大于 10 km）主要分布在长江刀鲚国家级水产种质资源保护区、长江黄石段四大家鱼国家级水产种质资源保护区、长江八里江吻鮠鲶国家级水产种质资源保护区，而工业岸线（长度大于 10 km）主要分布在长江刀鲚国家级水产种质资源保护区、长江安庆段长吻鮠大口鲶鳜鱼国家级水产种质资源保护区。

（3）江心洲

长江江心洲是长江湿地生态系统重要的组成部分，构成了长江湿地生态链与生态廊道，为水生动植物及候鸟提供了宝贵的栖息地，同时为鱼类提供饵料，一般是鱼类和水生动物分布密集的江段区域。基于长江下游狼山沙和新开沙中华绒螯蟹幼蟹栖息地的研究表明，中华绒螯蟹幼

蟹偏好水深较浅、透明度为 10～20 cm、有水生植物覆盖的水域；长江下游被水生植被覆盖的沙洲和岸线资源较为丰富，比较适合中华绒螯蟹幼蟹的栖息，但人类活动的影响愈来愈强烈，诸如大型水利工程建设、航道整治、港口码头建设和护岸工程建设等，直接导致了中华绒螯蟹等水产种质资源和水生动物近岸高适合度栖息地的丧失。

由于现有的政策法规未明确对洲滩经济社会发展的限制要求，在一些面积大、人口多、经济社会发展水平高的洲滩，地方政府随意在洲滩上进行城镇、产业和重要基础设施布局，又为保障防洪安全盲目进行堤防建设，特别是下游地区洲滩开发无序现象凸显。

长江干流拥有主要江心洲近 70 个，其中超过 30 个遭到港口码头、工业企业、城镇生活、乡村农业等不同形式的开发；涉及岸线长度 1 000 km，其中近 40 km 的岸线遭到港口码头和工业企业开发占用；江心洲洲滩湿地岸线长度仅为 650 km，占江心洲岸线总长的 65%，说明剩余 35% 的江心洲岸线水陆自然交互受到阻隔和影响，制约洲滩湿地生态功能的发挥。江心洲开发利用活动主要集中在中下游，如南通长青沙、常州下开沙、南京八卦洲等。

3.4 岸线保护修复建议

（1）加大长江洲滩湿地保护力度

开展长江洲滩普查，制定保护方案。建议针对长江洲滩开展全面系统的普查工作，制定长江洲滩生态保护方案，严格禁止长江洲滩不合理的开发活动及工程措施，包括江心洲（四面环水）和外滩（紧邻主江堤三面临水）及其他紧邻主江堤的重要滩地。开展不合理占用洲滩清退整治行动。湖北、安徽等省份加强整治洲滩上的沙石码头及小散乱码头，安徽、江苏、湖北等省份强化洲滩上的水产养殖活动整治，湖北、江苏推进洲滩上的造船修船厂改造。各省份要改变"重岸轻滩"的传统理念，抢救长江岸线最重要的生态空间，具体滩湿地岸线分布见图3-11～图3-14。

图 3-11　宜昌—鄂州段洲滩湿地岸线分布

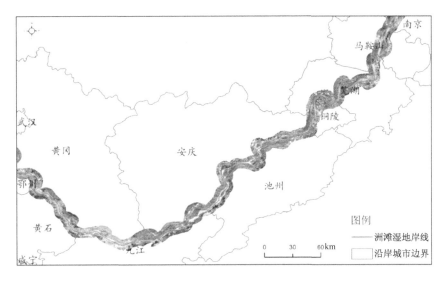

图 3-12　鄂州—南京段洲滩湿地岸线分布

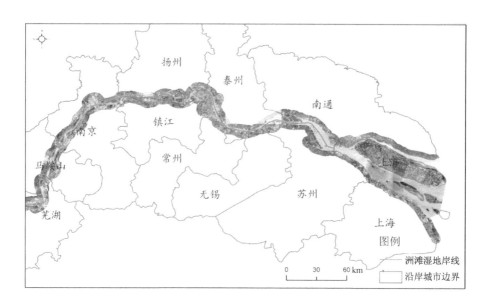

图 3-13　南京—上海段洲滩湿地岸线分布

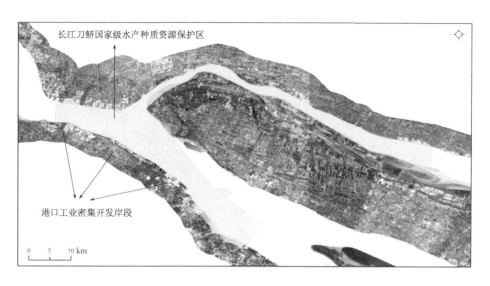

图 3-14　水产种质资源保护区与岸线开发冲突矛盾典型岸段

（2）推进长江堤岸生态化建设

加强长江岸线、河道的生态化设计，制定自然岸线修复保护规划。自然堤岸是水生动物重要栖息地与产卵场所，自然河道拥有主流、支流、河湾、心滩、跌水、深潭等丰富多样的生境。在确保防洪安全的前提下，尽量减少隔绝水陆自然交互的人工护坡护岸措施，加强长江生态护岸工程设计。从岸线的形态设计、自然地貌重建、生态系统构建、防洪功能保障等方面研究合适的长江岸线生态修复方法和工程措施，修复长江岸线自然属性和生态功能。推进生态化堤岸示范工程建设，在部分重要的水生动物保护区、水产种质资源保护区、重要洲滩湿地开展生态化堤岸示范工程建设。针对部分重要生态功能保护区内已进行混凝土硬化的堤岸进行适度的生态化改造和修复。通过生态工程改善部分长江岸段平直、硬化、生态功能减弱等问题。

（3）划定自然岸线保护空间

结合岸线水域、陆域综合生态功能，科学划定长江自然岸线保护空间，明确自然岸线保有率目标。在充分考虑已有自然保护区、水质种质资源保护区、重要湿地、蓄滞洪区、水源地保护区、不稳定岸线等要素的基础上，进一步考虑水生动物栖息地、河流生境、滨江湿地等的生态功能，从自然岸线保护的角度划定长江岸线生态红线，并且，加强已有法定保护区的保护力度，明确长江岸线法定保护范围，长江岸线生态红线不仅是水陆交界线，还应包括后方陆域 1～5 km 的保护带。以生态红线为核心，构建长江岸线生态、生产、生活相协调的空间格局，促进生产岸线集约高效、生活岸线宜居适度、生态岸线水陆自然，推动形成既尊重自然规律、保护生态环境、保障防洪安全及供水安全，又能支撑社会经济发展、促进高效集约利用的长江自然岸线格局。

结合长江大保护的最新要求，对长江水域及一定范围陆域（1 km

范围）涉及的自然保护区、水产种质资源保护区的保护范围进行科学合理的调查评估和论证，增补和核减保护范围，在最大限度保护水生动物栖息地和水产种质资源繁育场的前提下，使保护范围和边界更加科学合理、更加有利于管理，并且使保护与开发利用协调可持续。

评估长江现有江豚保护区的科学性与合理性，建议在湖北省黄石至江苏省南京段增补一定量的江豚保护区，特别是在鄱阳湖口建议设置江豚的重要水生动物保护通道，严格限制两岸岸线高强度开发利用活动。

3.5　本章小结

长江生态岸线是污染物入江的最后防线，作为整个长江经济带生态环境的重要组成部分和核心环节，岸线资源发挥着无可替代的重要生产、生活和生态功能。目前，长江岸线利用率为 35.9%，其中江苏省、上海市岸线利用率较高，达到 59.2%和 50.0%；安徽省、湖南省岸线开发利用率相对较低，均小于 30%。从利用结构来看，长江中上游省（市）城镇生活岸线占比较高，下游省（市）港口、工业岸线占比较高；从地级以上城市来看，下游城市岸线开发利用率较高，中上游城市岸线开发利用率较低。目前长江自然岸线保有率达 60%以上，但极具生态价值的洲滩湿地岸线占长江岸线总长的比例已不到 20%，整体自然岸线结构不尽合理。结合目前长江岸线现状及问题，建议采取加大长江洲滩湿地保护力度、强化堤岸生态化建设、划定自然岸线保护空间、严格岸线生态空间保护等一系列措施，保障长江生态岸线安全，守好长江的最后一道防线。

4

长江经济带生态保护补偿进展

　　流域生态保护补偿制度是一种较好协调长江经济带流域生态环境保护中各方利益关系、缓解流域用水主体间各种矛盾的法律制度。我国生态补偿机制可分为纵向生态补偿和横向生态补偿两种类型，其中，纵向生态补偿主要是指上下级预算主体之间按照法定标准，通过财政转移支付和专项基金等方式开展的生态补偿，属于经济学中解决公共产品外部性问题的"庇古范式"；横向生态补偿是指不具有隶属关系的补偿者与受偿者之间综合运用法律、政策和市场等手段开展的合作式补偿，属于经济学中利用环境产权交易模式的"科斯范式"。我国生态补偿实践以中央对地方的纵向生态补偿为主，中央通过转移支付和专项基金等方式承担地方的事权支出责任。我国流域生态补偿近年来发展较快，流域生态补偿已经成为生态产品价值实现的重要途径，为解决上下游水生态环境共治共管提供了有力抓手，有效平衡了生态保护贡献者和受益者之间的义务与权利。

4.1 总体进展

2018 年，财政部印发的《关于建立健全长江经济带生态补偿与保护长效机制的指导意见》（财预〔2018〕19 号）提出，推动长江经济带生态保护和治理，建立健全长江经济带生态补偿与保护长效机制，奖励 180 亿元用于支持流域内上下游邻近省级政府间建立水质保护责任机制，鼓励省级行政区域内建立流域横向生态保护责任机制。截至 2019 年年底，中央财政已下拨 165 亿元用于支持长江经济带生态保护修复。

目前，长江经济带已建立皖浙新安江流域、云贵川赤水河流域、赣湘渌水流域、渝湘酉水流域、皖苏滁河流域 5 个跨省流域生态补偿机制，各流域补偿机制情况详见表 4-1。

表 4-1 长江经济带 5 个跨省流域生态补偿情况

序号	流域	签订省份	协议实施期	地方应投资金额	地方实际到位资金额	协议目标及达标情况
1	新安江流域	安徽	第三轮：2018—2020 年	2018—2020 年，浙江省、安徽省每年各出资 2 亿元	拨付补偿资金 2.2 亿元	2018 年，核定断面（街口断面）P 值为 0.865，满足协议 $P \leqslant 0.95$ 分档拨付的要求
		浙江			拨付补偿资金 2 亿元	
2	赤水河流域	云南	2018—2020 年	三省政府共同出资设立赤水河流域水环境横向补偿资金，三省政府每年按照 1∶5∶4 的比例，共出资 2 亿元。其中云南省每年出资 2 000 万元，三年共计 6 000 万元，贵州省每年出资 1 亿元，三年共计 3 亿元，四川省每年出资 8 000 万，三年共计 2.4 亿元	实际到位资金 6 000 万元（包括云南省、贵州省、四川省各 2 000 万元）实际到位资金 2 亿元（其中 2018 年、2019 年各 1 亿元）2018 年：2.2 亿元（其中，省级 1.8 亿元，泸州市 0.4 亿元）；2019 年：1.86 亿元（其中，省级 1.46 亿元，泸州市 0.4 亿元）	赤水河流域生态环境质量达标并保持稳定，水质不恶化。其中，清水铺、鲤鱼溪等干流国控断面水质年均值达到 II 类标准，水质保持稳定。根据监测结果，2018 年鲢鱼溪断面年均值达到 II 类，满足协议目标要求
		贵州				
		四川				

74

序号	流域	签订省份	协议实施期	地方应投资金额	地方实际到位资金额	协议目标及达标情况
3	渌水流域	江西	2019年7月—2022年6月	协议期内,江西省每年出资1 200万元,3年共计3 600万元;湖南省每年出资1 200万元,3年共计3 600万元	协议尚未到年度结算时间	金鱼石断面每月均达到或优于Ⅲ类
		湖南	2019年5月—2022年4月			
4	酉水流域	重庆	2018年12月—2021年12月	协议期内,重庆市每年出资480万元,3年共计1 440万元;湖南省每年出资480万元,3年共计1 440万元	协议尚未到年度结算时间	里耶镇断面每月均达到或优于Ⅲ类
		湖南				
5	滁河流域	安徽	2018年12月—2020年12月	当滁河陈浅断面年度水质为Ⅳ类时,安徽省补偿江苏省2 000万元;若水质为Ⅴ类及以下时,安徽省补偿3 000万元	协议尚未到年度结算时间	滁河陈浅断面水质为Ⅲ类,达到年度目标
		江苏				

4.2　新安江流域

新安江流域已签订三轮生态补偿协议,2019年9月,《新安江生态补偿机制第三轮试点工作2018年度绩效评估》通过专家评审。新安江流域生态补偿是我国首个跨省流域生态补偿试点,是财政部、生态环境部推进生态文明建设的重要举措,为全国其他跨省流域生态补偿实践提供了良好的样板和经验。做好新安江流域试点绩效评估工作,系统梳理新安江流域生态补偿实施以来取得的成效、主要做法和经验,对于及时掌握试点实施情况、保障试点工作顺利进行具有重要意义。

2012—2018年,皖浙两省每年对跨省界街口断面开展12次联合监测。补偿实施以来，*P* 值连年达到补偿协议要求。其中，2018 年 *P* 值为 0.865，满足 *P*≤0.95 分档拨付的要求。三轮生态补偿按照《安徽省人民政府 浙江省人民政府关于新安江流域上下游横向生态补偿的协议》中资金拨付要求，补偿资金由皖浙省级财政共同投入。2018 年，浙江拨付补偿资金 2 亿元，安徽省拨付补偿资金 2.2 亿元，合计 4.2 亿元。其中，黄山市得到补偿资金 3.8 亿元，绩溪县得到补偿资金 0.4 亿元。同时黄山市建立了多元投入保障机制，通过新安江绿色发展基金、新安江亚行（亚洲开发银行）贷款项目、PPP 项目等多种渠道筹集资金，完成投资 10.2 亿元。

新安江流域生态补偿的主要做法包括建立权责清晰的流域横向补偿机制框架，加强流域上下游共建共享、打造合作共治平台，实施新安江流域山水林田湖草系统保护治理，强化水源涵养和生态建设，强化农业面源污染防治、工业点源污染治理、城乡垃圾污水治理等。

4.3 赤水河流域

2018 年，在财政部、环境保护部、国家发展改革委、水利部的支持下，四川省与贵州省、云南省签订了《赤水河流域横向生态保护补偿协议》，赤水河流域成为首个多省份间开展的流域横向生态保护补偿试点。云、贵、川三省每年按照 1：5：4 的比例共同出资 2 亿元，按照 3：4：3 的比例进行资金分配，次年再依据各段补偿权重以及协议确定的考核断面水质达标情况进行分段清算。

云南省印发《建立赤水河流域云南省内生态补偿机制实施方案》，加快推动赤水河流域生态补偿工作落地，昭通市负责云南省内赤水河生态补偿工作具体实施，并印发和实施《赤水河流域（云南段）生态环境保护与治理规划（2018—2030 年）》。

贵州省出台《贵州省赤水河流域环境保护规划（2013—2020年)》，并与遵义市、毕节市人民政府签署了《赤水河流域水质目标责任书》，该责任书对水质目标、治理任务、责任权责进行细化和明确。

四川省出台《四川省赤水河流域横向生态保护补偿实施方案》，确定了省、市、县三级共同筹集资金，市、县两级均享受资金分配权，共同承担生态环境保护责任的模式。

2019年11月，三省在云南省昭通市召开赤水河流域生态环境保护工作协调会，确定三省所涉及的考核断面水质目标均达到2018年度赤水河流域补偿目标要求。

2018—2019年，贵州省累计向赤水河流域投入环保专项资金约45.65亿元，贵州省赤水河流域已建成县级垃圾填埋场6个、乡镇垃圾收运系统27个、污水处理厂95个、河流水质自动监测站5个、完成366个乡村的环境综合治理。遵义市已实现赤水河流域内乡镇污水治理、垃圾处理设施全覆盖；仁怀市建成8座白酒企业酿造废水连片治理厂，实现仁怀市95%的白酒企业废水集中治理。

四川省赤水河流域以良好水质为载体的白酒产业实现了较大经济增幅，郎酒实现年度利税26.7亿元、增长13.1%，入库税金20.2亿元、增长28.2%；同时，良好的自然生态环境也带动了赤水河流域沿线的精品果业、绿色蔬菜业、特色经作业等八大特色农业产业不断发展和壮大。

4.4 典型省份

4.4.1 湖北省生态保护补偿实践进展

（1）流域生态保护补偿

2015年，湖北省政府办公厅印发了《湖北省跨界断面水质考核办法

（试行）》（鄂政办发〔2015〕43号），考核办法规定了在污染严重、跨界纠纷突出的地区开展生态补偿试点，对跨界断面水质考核结果变好的地区给予奖励，对跨界断面水质考核结果变差的地区予以惩罚。2016年7月，湖北省政府办公厅印发了《湖北省长江流域跨界断面水质考核办法》（鄂政办发〔2016〕48号），进一步扩大跨界断面水质考核范围，将长江一级支流河口断面全部纳入考核，考核断面由40个增加到63个。

2018年，湖北省出台《关于建立健全生态保护补偿机制的实施意见》（鄂政办发〔2018〕1号）和《关于建立省内流域横向生态补偿机制的实施意见》（鄂财建发〔2018〕85号），要求各地加强与上下游地区沟通衔接，尽快推动建立相关流域横向生态保护补偿机制，尽快与上下游地区签订流域横向生态补偿协议。同时，要求各部门、各地按照流域水资源统一管理要求，协商推进流域保护与治理，联合查处跨界违法行为，建立重大工程项目环评共商、环境污染应急联防机制。此外，在对中央下达湖北省的长江流域修复治理奖励资金分配时，优先选择已有流域生态保护补偿工作基础的十堰、襄阳、宜昌、荆门、鄂州给予支持，充分发挥专项资金激励引导作用。

湖北省计划到2020年实现重点流域生态补偿全覆盖。截至2019年年底，全省17个市（州）均已经开展辖区内流域横向生态补偿工作，已出台、签订18个流域生态补偿协议。其中，武汉在长江干流，襄阳在小清河、滚河、蛮河流域，宜昌在黄柏河流域，荆门在竹皮河、天门河流域，鄂州在梁子湖流域初步建立了流域横向补偿机制，相关市县已经签订了补偿协议。十堰、荆州、孝感、咸宁、天门、仙桃、潜江等市已经制定具体的补偿方案，正积极推动相关市县签订补偿协议。襄阳在市内上下游所涉及的7个县（市、区）共同设立1.2亿元横向生态保护补偿保证金，用于落实奖惩措施；荆州已在2019年财政预算中安排用于生态补偿的专项奖励资金。在横向生态补偿机制的考核指标上，除了以水环境质量指标为依据，宜昌市还探索以磷矿采矿指标作为生态奖励指标。

（2）环境空气质量生态补偿

为进一步落实和强化地方政府保护环境的主体责任，调动各地实施《大气污染防治行动计划》的积极性，促进湖北省环境空气质量持续改善，2018 年 11 月，湖北省政府办公厅印发《湖北省环境空气质量生态补偿暂行办法》（鄂政办发〔2018〕74 号）（以下简称《暂行办法》），《暂行办法》按照"谁改善、谁受益，谁污染、谁负责"的原则，以 PM_{10} 和 $PM_{2.5}$ 为考核指标，建立了"环境空气质量逐年改善"与"年度目标任务完成"双项考核的生态补偿机制，考核范围包括全省各市、县、区，生态补偿奖惩资金统筹用于大气污染防治工作。

（3）"以奖代补"政策

2010年，湖北省环境保护厅积极争取促使省政府设立了具有生态补偿性质的湖北省生态文明建设"以奖代补"资金，奖励资金是省政府从"两型"社会建设激励性转移支付资金中安排，用于支持全省生态文明建设。根据《湖北省生态文明建设以奖代补资金管理暂行办法》（鄂财建规〔2010〕8 号）中的奖励原则及奖励对象，每年安排 1 亿元资金对生态文明建设成绩显著的地区予以奖励。

为全面贯彻落实党中央、国务院和省委、省政府关于生态文明建设的重大部署，进一步规范和加强省级生态文明建设"以奖代补"资金管理，提高财政资金使用效益，2017 年 7 月，湖北省环境保护厅联合湖北省财政厅印发《湖北省生态文明建设"以奖代补"资金管理办法》（鄂财建规〔2017〕12 号），详细规定了奖励资金分配原则、分配方式及考核内容、奖励资金的测算、支出管理和奖励资金的监督与管理等，分配

考核主要内容是对各市、县人民政府上年度生态文明建设绩效目标完成
情况进行考核，对上年度生态文明建设工作成绩突出的市、县政府予以
奖励。考核指标分别是生态文明建设工作开展情况、生态文明示范创建
成果、环境空气优良天数、集中式饮用水水源地保护情况和环境保护专
项资金项目实施情况 5 个指标和附加项 1 个扣分指标，评分权重分别为
20%、15%、25%、25%、15%，附加项最高扣 10 分。其中，生态文明
建设工作开展情况考核上一年度各地贯彻落实省委、省政府建设生态省
的重要战略部署所开展的生态文明建设重点工作情况；生态文明示范创
建成果考核截至上年度年底，省级生态文明建设示范市、县，以及国家
级和省级生态文明建设示范乡（镇）、村创建成果，包括创建规划评审
情况和生态乡、镇、村创建数量；环境空气优良天数考核环境空气优良
天数比例情况；集中式饮用水水源地保护情况考核数据为上一年度生态
环境部城市集中式饮用水水源环境状况评估采集系统给出的行政区域
综合评定分数；环境保护专项资金项目实施情况，考核近两年的环境保
护专项资金使用及其项目实施进展情况。按照《湖北省生态文明建设"以
奖代补"资金考核评分细则》（鄂环办〔2017〕89 号）要求，湖北省生
态环境厅每年组织开展生态文明建设"以奖代补"资金竞争性分配考核
工作，对各地区考核指标进行评分，并对考核得分排名前 30 名的地区
予以公示表扬。

4.4.2 重庆市生态保护补偿实践进展

重庆市地处长江上游和三峡库区腹心地带，是长江上游重要生态屏
障和全国重要淡水资源战略储备库，建立健全生态补偿机制，对切实保
护好三峡库区和长江母亲河，守护好"一江碧水两岸青山"具有重要意
义。近年来，重庆市积极推进生态补偿试点工作。一是将建立生态补偿

机制作为生态文明建设的重要任务。2014 年，市委、市政府出台《关于加快推进生态文明建设的意见》，明确提出要建立健全生态补偿制度，开展生态补偿试点。二是积极开展生态补偿试点及政策机制研究。针对次级河流污染治理和生态恢复，开展了流域污染生态补偿试点，研究相关管理办法，并同步开展了森林生态补偿、矿产资源开发生态补偿、区域生态补偿等机制理论的相关基础研究。

（1）省内流域生态保护补偿

重庆市委、市政府将流域生态补偿机制的建立列为市委深改领导小组全力攻坚突破的"污染防治攻坚战""生态优先绿色发展行动计划"等重大战略任务。2018 年 4 月，重庆市提出了以"1+N"的模式推动流域生态补偿机制建立。"1"是制定出台《重庆市建立流域横向保护补偿机制实施方案》，指导全市流域上下游区（县）建立横向生态补偿机制，是推进市内流域横向生态补偿机制建设的"施工图"和"路线图"；"N"是指若干个流域上下游区（县）签订补偿协议。具体工作特点包括：

一是锁定目标任务。明确要求到 2020 年，市域内流域面积 500 km^2 以上且流经 2 个区（县）及以上的 19 条次级河流，要实现区（县）横向生态保护补偿机制全覆盖（涉及 33 个区、县）。

二是建立机制框架。要求流域上下游区（县）建立以经济补偿手段为主的横向补偿机制，体现"区县为主、权责对等、市级引导、共抓共建"的原则，并以协议的形式加以约束。

三是明确补偿方式。按照"谁污染、谁补偿，谁保护、谁受益"原则，以流域区（县）交界断面水质为依据，如果交界断面水质不达标，或者虽达标但比上年基础水质类别下降，则上游补偿下游；如果交界断面水质达标，同时比上年基础水质类别上升，则下游补偿上游；如果交

81

界断面水质达标,并且和上年水质类别相同,则上下游之间相互不补偿。

四是制定补偿标准。补偿标准以每月 100 万元为基数(此为最低标准),同时在水质超标情况下设置以总磷、氨氮等主要污染因子质量浓度为参考的补偿金核算公式,并取两者中较大值作为补偿的金额。补偿资金实行"月核算、年清缴",受偿区(县)收到资金须及时用于流域水污染防治和环保能力建设。补偿标准设计前期以 2017 年水质监测数据为例进行论证。

五是出台激励约束政策。对上下游区(县)建立流域保护治理联席会议制度,形成协作会商、联防共治机制的,市级政府给予一次性奖励200 万元。对流域上下游区(县)协同实施水污染治理、水生态修复和水资源保护,流域水环境质量持续改善的,将这一情况作为市财政对区(县)年度转移支付的专项因素。在约束政策方面,对补偿机制建立滞后的区(县),市级政府从 2020 年起每年以考核基金的形式督导其履行水环境保护治理责任,若其水质超标,市级财政相应扣减考核基金,并纳入两级财政年终清算。补偿资金统筹用于流域水环境治理,强制其履行污染补偿义务。

目前全市行政区域内流域面积 500 km² 以上且跨区域的璧南河、御临河等 19 条河流涉及的璧山、江津等 33 个区(县)提前两年全部签订横向生态保护补偿协议,在全国率先实现流域横向生态补偿机制全覆盖,起到了带动和示范作用。

以龙溪河生态补偿工作为例,重庆市政府印发《长寿湖生态环境保护方案》,将长寿湖生态环境保护项目实施范围拓展到长寿湖所在的龙溪河全流域,组织流域相关的长寿、垫江、梁平三个区(县)共同努力,积极争取中央水污染防治专项资金,大力推进实施长寿湖生态环境保护专项,建立完善流域统防共治工作机制,并启动实施了龙溪河流域生态补偿试点,由长寿区每年支出年度财政预算内收入的1%作为补偿资金,积极支持上游梁平、垫江两个区(县)污染治理基础设施建设。截至目前,长寿区向垫江、梁平累计支付1.5亿元生态补偿资金,在三个区(县)共同努力下,先后完成流域内3个城市污水处理厂和68个乡镇污水处理厂及其配套管网建设,完成200多家规模化畜禽养殖场污染治理,推进实施90多个行政村农村环境连片整治,淘汰关闭11家工业企业,完成20余家重点工业企业污染治理项目,完成梁平、垫江工业园区污水集中处理设施建设,龙溪河水质恶化趋势得到遏制。

(2)跨省界流域生态保护补偿

2019年1月,重庆市与湖南省签订《酉水河流域横向生态保护补偿协议》。两省(市)以位于重庆市秀山县与湖南省湘西州交界处的里耶镇水质断面为考核依据,实施酉水流域横向生态保护补偿。

水质监测及评价:酉水流域里耶镇断面已纳入国家考核,断面水质评价直接采用国家公布的水质监测数据和评价结果。

补偿核算方法及标准:根据国家公布的里耶镇断面水质评价结果,按月核算酉水流域横向生态保护补偿资金,补偿标准为每月40万元。若里耶镇断面当月的水质类别达到或优于国家考核目标(III类),湖南省拨付补偿资金40万元给重庆市;若里耶镇断面当月水质类别劣于国家考核目标(III类),重庆市拨付补偿资金40万元给湖南省。

资金管理:酉水流域横向生态保护补偿资金实行"月核算、年清缴",补偿省(市)应于每年4月前,将上年度补偿资金专项划拨至受偿省(市)指定账户。受偿省(市)应将补偿资金专项用于酉水流域水污染综合治理、生态环境保护、产业结构调整等相关工作,不得截留、挤占和挪用。两省(市)应加强对补偿资金使用情况的监管,确保补偿资金合法、合规、合理使用,切实提高补偿资金使用效益。

重庆、湖南两省（市）人民政府应建立完善协调沟通、信息共享、监测预警、应急响应、执法协作、合力治污等联防共治机制，共同加强酉水流域污染防控，保护酉水流域水环境，实现共同发展。

（3）其他生态补偿实践

生态财力补偿。2008—2017 年，重庆市累计获得转移支付 143.96 亿元。2014 年起，重庆市优化对两个生态发展区的对口帮扶机制，明确 2017 年年底前，每年锁定帮扶资金实物量，通过年度结算方式补助受扶区（县），探索建立生态产品受益区（县）对供给区（县）的横向生态补偿机制。

森林资源生态效益补偿。重庆市政府印发《关于继续组织实施天然林资源保护工程的通知》（渝办发〔2011〕213 号），规定对集体和个体所有的国家级公益林和地方公益林均按 15 元/（亩·a）的标准进行生态效益补偿。2012 年，重庆市财政局牵头印发《重庆市森林生态效益补偿基金使用管理细则（试行）》（渝财农〔2012〕25 号），规定将中央财政补贴的补偿基金用于国家公益林保护和管理，将市级补偿基金用于地方公益林的保护和管理。2015 年，重庆市还对渝东北和渝东南集体林区地方公益林的生态效益补偿区（县）分担比例进行调整，由生态效益补偿区（县）分担的 30%减少到 20%，其他区（县）分担 70%的比例不变。此外，市财政在原市级承担森林生态效益补偿相应比例的基础上，再给予渝东北、渝东南两大生态区及贫困区（县）适当专项资金支持，并对城口、巫溪、酉阳、彭水 4 个重度贫困县给予倾斜支持。其中，给予渝东北、渝东南两大生态区及贫困区（县）的支持比例达到 90%，给予 4 个重度贫困县的支持已达到 95%的比例。

4.5　存在的问题

　　长江经济带生态补偿还存在许多问题，要从全局的角度、高质量发展的高度来发现关键问题，在持续发现问题、解决问题中把长江经济带生态补偿工作提升到新水平。

　　（1）保护者和受益者良性互动机制尚不完善，人民群众获得感不强

　　目前，生态补偿方式以"输血型"直接资金补偿为主，将"绿水青山"转化为"金山银山"的"造血型"转化机制还不顺畅，缺乏对口协作、产业转移、人才培训、共建园区等多元化补偿方式。同时，资金补偿标准偏低，未能充分体现各地提供生态产品和服务的价值及其贡献水平，生态受益地区与生态保护地区、流域上下游之间在"共建共享、协同发展"方面还有很长的路要走。

　　（2）生态补偿的范围有限、领域分割，与共抓大保护的格局和要求尚有差距

　　长江经济带生态补偿主要以流域、森林、草原、湿地等要素补偿为主，各要素补偿由相关部门分别实施，缺乏统一协调机制，各自工作步调不一，以生态补偿制度推动共抓长江大保护的局面尚未形成。现有的环境经济政策总体上处于"单打独斗"状态，尚未形成合力，未能打出有力的政策"组合拳"，无法发挥最佳的协同效果。着眼于长江经济带整体性、协调性、综合性的补偿机制尚未建立。

　　（3）生态补偿涉事复杂、资金需求大，可持续的长效机制尚未建立

　　第一，长江经济带涉及多个省（市），流域上下游省（市）之间经济发展水平差异大，生态环境治理与保护重点不尽相同，上下游双方对各自权利和义务以及对生态产品和服务价值的认识存在差异。第二，部分流域上下游、左右岸关系复杂，涉及多方补偿等情况，在协商谈判中，

较难达成一致。第三，生态补偿资金仍以中央至地方各级政府的财政投入为主，但投入过于碎片化，更多是从某一特定资源要素或指标设立资金，未能形成资金合力。第四，未形成社会广泛参与的市场化生态补偿渠道，可持续的生态补偿资金投入机制尚未形成。第五，生态补偿与绿色金融等政策衔接不足，对撬动社会资本投入、创新发展绿色金融产品、拓宽融资渠道作用有限。

4.6 政策建议

长江经济带生态补偿机制的持续开展应以习近平生态文明思想为指导，把修复长江生态环境摆在压倒性位置，遵循成本共担、效益共享、合作共治的原则，完善政府主导、区域联动、部门协作、企业履责、公众参与的生态补偿体系，建立全流域、多元化、市场化、高水平、可持续的生态补偿长效机制，实现由"输血式"到"造血式"补偿的真正转变，构建宏观有力、中观有序、微观有效的长江经济带生态补偿格局。

（1）共融补偿资金，补强市场功能

进一步加大财政资金投入力度，强化"输血功能"。在国家层面，持续稳定加大中央财政资金投入力度，进一步增强财政资金在生态补偿中的撬动效应；整合各类专项生态补偿财政资金，促进专项补偿与综合补偿有机结合，统筹一般性转移支付资金和相关专项转移支付资金，建立长江流域生态补偿专项资金，形成资金合力，增加均衡性转移支付分配的生态权重，加大对长江经济带沿江 11 个省（市）地方政府开展生态保护、污染治理、减少排放等带来的财政减收增支的财力补偿。在流域层面，鼓励相关省（市）政府联合出资，成立相应的生态补偿资金池，扩大财政资金支持力度。省（市）政府深入贯彻落实长江经济带生态保护修复奖励政策，集中财力保障长江经济带生态保护重点任务的完成。

（2）共推金融创新，增强"造血功能"

在国家层面，由中央财政、地方省级财政和社会资本共同出资设立长江经济带生态补偿基金，充分利用绿色债券等融资手段，实行市场化运作，并委托专业的基金管理公司负责管理。通过长江流域生态补偿专项资金参股，发挥引导、带动和杠杆效应，发挥财政资金的放大效益，支持长江经济带各级地方政府依法依规发行地方绿色债券，用于生态环境保护修复和绿色产业发展。在流域层面，探索共建长江流域绿色金融改革创新试验区，试点推进全流域碳排放权交易、排污权交易和水权交易，在省（市）层面，鼓励有条件的地方通过创设土地银行、森林银行、栖息地银行、生物多样性保护银行等专业化生态银行促进生态环境保护；培育市场主导、政府引导的绿色产业体系，建立统一的绿色产品标准、认证、标识等体系，带动产业链协同发展，推动绿色技术进步和广泛应用。

（3）共创长效机制，力促补偿行稳致远

强化生态补偿制度体系建设，建立"生态共保、环境共治、产业共谋、责任共担、利益共享"的生态环境命运共同体。国家研究制定出台制度化、规范化生态补偿绩效评估体系，完善与生态环境质量挂钩的资金奖惩机制和官员考核机制。统一布局规划建设长江流域生态环境监测、监管网络，完善生态环境承载力长效预警机制，实现流域生态环境变化趋势分析预测和风险预警。区域层面研究制定统一的生态环境监测、监管标准体系，联合监测采样，联合执法监督。省（市）政府应研究建立一般性转移支付资金管理办法，形成与生态环境质量挂钩的财政资金奖惩机制。

（4）共建协商平台，实现有效补偿

在国家和流域层面，以打好碧水保卫战为抓手，充分发挥长江经济带发展领导小组作用，建立包含不同层级的长江经济带联席会制度，包括跨界生态补偿约束组织以及编制流域综合治理与保护规划的专门机构，并签订长江经济带生态环境责任政府间协议。健全生态补偿信息发布制度，尽快实现长江经济带跨省（市）、跨部门的协同互动和信息资源共享，建立长江经济带生态补偿大数据平台，并将其纳入长江经济带大保护综合信息平台，在区域层面整合各省（市）生态与环境数据资源，开展大数据应用服务，推进生态补偿信息公开化，以公开化带动公众参与。

（5）共享发展红利，支撑扶贫攻坚

在国家层面，支持力度重点向长江经济带中上游生态屏障区、重点生态功能区、生态保护红线区域倾斜，提高上述地区的生态保护和民生改善能力。在流域层面，下游经济发达省份应对中上游省份生态环境保护工作（特别是贫苦地区）给予充分支持，通过资金补偿、对口协作、产业转移、人才培训、园区共建等方式，推动上游、中游、下游协同发展，互动合作，形成共商、共享、共治的局面，推进流域上游、中游、下游共建"国家生态补偿机制示范区"。在省（市）内部，加大对生态环境好、经济社会发展相对较弱地区的帮扶工作，通过资金补偿、对口协作、园区共建、项目支持、飞地经济、产业转移、异地开发等方式，促进绿色发展。

4.7 本章小结

长江经济带生态补偿机制的建立对于深入落实"共抓大保护、不搞大开发"的总体发展思想、促进相邻省份共同强化跨界水体的保护具有重要作用。目前长江经济带生态补偿工作有序开展，其中新安江流域生态补偿试点已实施三轮，取得了较好的示范效应；赤水河流域补偿工作已开展一年，其他3个流域补偿工作刚刚启动；湖北省、重庆市也积极开展生态补偿工作，积累了先进经验。长江生态补偿工作取得了先进经验的同时，仍存在生态补偿的范围有限、领域分割、人民群众获得感不强、生态补偿涉事复杂、资金需求大、可持续的长效机制尚未建立等问题，在今后的工作中应促进共融补偿资金、共推金融创新、共创长效机制、共建协商平台、共享发展红利等举措有效实施，充分发挥生态补偿制度的优势，助力长江大保护，实现区域共同发展。

5

国家部委相关政策

近 3 年来，国家相关部委高度重视长江保护修复工作，深入贯彻落实习近平总书记"共抓大保护，不搞大开发"的总体要求，印发实施了相关的政策类文件。

生态环境部印发了《长江保护修复攻坚战行动计划》《长江经济带生态环境保护规划》，从宏观层面上针对长江经济带生态环境保护工作明确了总体要求，针对水环境治理、水资源保护、水生态修复等内容提出了具体的任务措施。同时，指导沿江 11 个省（市）以"划框子、定规则、列清单"为原则，划定生态保护红线、环境质量底线、资源利用上线和生态环境准入清单（"三线一单"），并指导 11 个省（市）做好成果发布后最终成果数据的入库工作。

国家发展和改革委员会印发实施了《关于加快推进长江经济带农业面源污染治理的指导意见》，有效指导了长江经济带地区农业面源污染防治工作；修订了《长江经济带绿色发展专项中央预算内投资管理暂行办法》，统筹山水林田湖草等生态要素，充分发挥中央预算内投资引领带动作用，实施好生态修复和环境保护工程，推动长江经济带共抓大保护取得实效。

农业农村部印发实施了《长江流域重点水域禁捕和建立补偿制度实施方案》，针对水域禁捕和建立补偿制度等提出了明确的要求和具体的措施；印发实施《关于支持长江经济带农业农村绿色发展的实施意见》，强化推动长江经济带农业农村绿色发展，并且提出多项重点任务要求。

交通运输部印发实施了《长江经济带船舶污染防治专项行动方案（2018—2020 年)》《关于推进长江航运高质量发展的意见》，对长江经济带绿色航运及船舶港口污染治理提出总体要求，明确船舶港口在污染防治方面应开展的重点任务措施。

自然资源部印发实施了《长江经济带废弃露天矿山生态修复工作方案》《关于探索利用市场化方式推进矿山生态修复的意见》，针对长江经济带废弃露天矿山风险等问题提出了具体要求，要按照保障安全、恢复生态、兼顾景观的总体要求，因地制宜、多措并举，强化市场化的生态修复工作。

水利部印发实施了《关于加强长江经济带小水电站生态流量监管的通知》《关于开展长江经济带小水电清理整改工作的意见》，明确了针对长江经济带小水电存在的问题，强化了整治的具体要求，并对小水电站生态流量监管提出了具体要求措施。

从文件类型来看，相关政策主要包括规划计划类、方案类、意见类、管理办法类等，具体分类情况详见表 5-1。

表 5-1 国家部委相关政策名录

文件类型	文件名称	印发牵头部门
规划计划类	《长江经济带生态环境保护规划》	生态环境部
	《长江保护修复攻坚战行动计划》	生态环境部
方案类	《长江流域重点水域禁捕和建立补偿制度实施方案》	农业农村部
	《长江经济带船舶污染防治专项行动方案（2018—2020 年）》	交通运输部
	《长江经济带废弃露天矿山生态修复工作方案》	自然资源部
意见类	《关于加快推进长江经济带农业面源污染治理的指导意见》	国家发改委
	《关于支持长江经济带农业农村绿色发展的实施意见》	农业农村部
	《关于推进长江航运高质量发展的意见》	交通运输部
	《关于开展长江经济带小水电清理整改工作的意见》	水利部
	《关于探索利用市场化方式推进矿山生态修复的意见》	自然资源部
管理办法类	《长江经济带绿色发展专项中央预算内投资管理暂行办法》	国家发改委
	《关于加强长江经济带小水电站生态流量监管的通知》	水利部

5.1 生态环境部

5.1.1 《长江经济带生态环境保护规划》

2017 年，环境保护部、国家发展改革委、水利部联合印发《长江经济带生态环境保护规划》（以下简称《规划》），《规划》本着人水和谐的理念，聚焦水资源、水生态、水环境保护的关键环节，整体谋划，系统推进。通过划定并严守水资源利用上线，在总量和强度方面提出控制要求，有效保护和利用水资源；通过划定并严守生态保护红线，合理划分岸线功能，妥善处理江河湖泊关系，加强生物多样性保护和沿江森林、草地、湿地保育，大力保护和修复水生态；通过划定并严守环境质量底线，推进治理责任清单化落地，严格治理工业、生活、农业和船舶污染，切实保护和改善水环境。

《规划》贯彻"山水林田湖是一个生命共同体"理念，提出统筹上游、中游、下游整体保护、系统修复、综合治理；以洞庭湖、鄱阳湖及长江口（两湖一口）为重点对重点区域进行保护、治理与恢复；以生态环境质量改善目标为导向，谋划一批对保护长江生态环境具有战略意义的重大工程，促进规划任务与重大工程的相互衔接；用改革创新的方法抓长江生态保护，通过实施差别化环境准入、联防联控、生态补偿等机制，创新环境治理体系，形成大保护的合力。

《规划》综合考虑长江经济带的特殊情况，以及目标可达性和技术经济可行性，按照建设和谐长江、健康长江、清洁长江、优美长江和安全长江的总体框架，系统构建规划的目标指标体系。以和谐长江设置目标促使水资源得到合理利用，江湖关系和谐发展；以健康长江设置目标促进水源涵养、水土保持、生物多样性保护等生态服务功能逐步提升；以清洁长江设置目标促进水环境质量持续改善；以优美长江设置目标构建大气、土壤等环境安全保障；以安全长江设置目标保障环境风险得到有效控制。

《规划》以保护一江清水为主线，水资源、水生态、水环境三位一体统筹推进，兼顾城乡环境治理、大气污染防治和土壤污染防治等内容，严控环境风险，强化共抓大保护的联防联控机制建设。

5.1.2 《长江保护修复攻坚战行动计划》

2018 年 12 月，生态环境部联合国家发展改革委印发了《长江保护修复攻坚战行动计划》(坏水体〔2018〕181 号),行动计划强调以改善长江生态环境质量为核心,坚持污染防治和生态保护"两手发力",推进水污染治理、水生态修复、水资源保护"三水共治",突出工业、农业、生活、航运污染源"四源齐控",深化和谐长江、健康长江、清洁长江、安全长江、优美长江"五江共建"。

行动计划提出了强化生态环境空间管控、综合整治排污口、加强工业污染治理、持续改善农村人居环境、补齐环境基础设施短板、加强航运污染防治、优化水资源配置、强化生态系统管护等 8 项主要攻坚任务;明确了加强党的领导、完善政策法规、健全投资与补偿机制、强化科技支撑、严格生态环境监督执法、促进公众参与等 6 项保障措施。

行动计划是新形势下推动长江经济带高质量发展的一项重要举措,进一步明确了长江近期需要着力解决的突出生态环境问题,如提出在长江干流、主要支流及重点湖库周边一定范围内划定生态缓冲带,加强入河排污口监管,清理整治"散乱污"涉水企业和非法码头,打击固体废物环境违法行为和非法采砂行为,推进船舶标准化改造和港口码头基础设施建设,全面提升乡镇和农村饮用水水源保护和监管水平,实现长江流域重点水域常年禁捕,推进长江保护立法进程等。

行动计划进一步明确了到 2020 年的重点任务的路线图和时间表,并坚持稳中求进的总基调,按照突出重点、带动全局的原则,把长江流域水环境质量改善作为主要工作目标,将沿江 11 个省(市)内的长江干流、岷江等 9 条主要支流及洞庭湖等 7 个湖库作为重点开展保护修复行动,到 2020 年,长江流域优良水质的比例达到 85%以上,劣 V 类断面比例低于 2%。

行动计划的出台是贯彻落实党的十九大精神的重要举措,也是落实党中央、国务院关于推动长江经济带发展的重要决策部署。坚持生态优先、绿色发展，把生态环境保护摆在优先地位，"共抓大保护、不搞大开发"，必将为长江生态环境质量持续改善奠定坚实基础。

5.1.3 长江经济带沿江 11 个省（市）"三线一单"工作

（1）完善管理制度和技术规范支撑。在各省（市）编制"三线一单"工作前期，生态环境部先后制定并发布《关于加快实施长江经济带 11 个省（市）及青海省"三线一单"生态环境分区管控的指导意见》《区域空间生态环境评价工作实施方案》等管理文件，以及《"三线一单"编制技术指南（试行）》《"三线一单"编制技术要求（试行）》《"三线一单"图件制图规范（试行修订版）》《"三线一单"成果数据规范（试行）》《近岸海域"三线一单"生态环境分区管控技术说明（试行）》《"三线一单"岸线生态环境分类管控技术说明（试行）》等技术规范，构建了较为完善的管理制度与技术规范体系。

（2）加快成果编制和发布实施。各省份高度重视，加快编制"三线一单"。首批长江经济带 11 个省（市）及青海省成果已全部通过生态环境部审核，截至 2020 年 6 月底，重庆、浙江、上海、四川、江苏、安徽、湖南等省（市）的成果已发布实施。

在成果产出方面，以生态保护红线为例，长江经济带沿江 11 个省（市）的生态保护红线面积约为 51.8 万 km^2，约占 11 个省（市）国土面积的 1/4，四川、云南的生态保护红线面积比例均达到 30% 以上，从类型上看，长江经济带沿江省份划定的生态保护红线功能类型较为全面、丰富，除了水源涵养、生物多样性保护、水土保持、洪水调蓄、水土流失治理和石漠化治理等功能外，涉海省份还划定了海岸生态稳定带、特别保护海岛红线、重要滨海湿地红线、重要渔业资源红线和自然岸线等。

（3）及时推动成果落地应用。指导各省、市两级推动"三线一单"成果落地应用，建设数据共享应用系统，将"三线一单"环境管控单元边界及准入清单在空间上"落图"，从产业准入、环评审批、规划决策等方面推动成果应用，大幅提高环评审批速度。

5.2 国家发展改革委

5.2.1 《关于加快推进长江经济带农业面源污染治理的指导意见》

2018 年，为指导沿江 11 个省（市）加大治理力度，加快推进农业农村面源污染治理，确保到 2020 年取得明显治理成效，国家发展改革委、生态环境部、农业农村部、住房城乡建设部、水利部联合印发了《关于加快推进长江经济带农业面源污染治理的指导意见》（发改农经〔2018〕1542 号）。

指导意见提出，到 2020 年，农业农村面源污染得到有效治理，种养业布局进一步优化，农业农村废弃物资源化利用水平明显提高，绿色发展取得积极成效，流域水质的污染显著降低。

其中，重要河流湖泊、水环境敏感区和长三角等经济发达地区，要进一步强化治理措施，提高治理要求。在农田污染治理方面，减少化肥农药施用量，实现主要农作物化肥农药使用量负增长。在养殖污染治理方面，畜禽养殖污染得到严格控制，养殖废弃物处理和资源化利用水平显著提升。在农村人居环境治理方面，行政村农村人居环境整治实现全覆盖，垃圾污水治理水平和卫生厕所普及率稳步提升，约 90% 的村庄生活垃圾得到治理。

5.2.2 《长江经济带绿色发展专项中央预算内投资管理暂行办法》

2019 年 5 月，国家发展改革委修订了《长江经济带绿色发展专项中央预算内投资管理暂行办法》，从生态系统整体性和长江流域系统性着眼，统筹山水林田湖草等生态要素，充分发挥中央预算内投资引领带动作用，实施好生态修复和环境保护工程，推动长江经济带共抓大保护取得实效。

根据暂行办法，该专项中央预算内投资重点用于支持有利于长江经济带生态优先、绿色发展，对保护和修复长江生态环境、改善交通条件具有重要意义的长江经济带绿色发展项目。投资补助资金应用于计划新开工或续建项目，不得用于已完工项目。项目的投资补助金额原则上应一次性核定，对于已经足额安排的项目，不得重复申请，同一项目不得重复申请不同专项资金。

暂行办法提出，各地发展改革部门应根据本专项中央预算内投资支持范围，依托国家重大建设项目库，做好项目日常储备工作，编制三年滚动投资计划。

5.3 农业农村部

5.3.1《关于支持长江经济带农业农村绿色发展的实施意见》

2018 年 9 月，为全面贯彻习近平总书记重要讲话精神，落实《〈长江经济带发展规划纲要〉分工方案》，推动长江经济带农业农村绿色发展，农业农村部印发了《关于支持长江经济带农业农村绿色发展的实施意见》（农计发〔2018〕23 号）。

意见提出强化水生生物多样性保护、深入推进化肥农药减量增效、促进农业废弃物资源化利用等长江经济带农业农村绿色发展的重点任务要求。

意见强调协同推进长江经济带农业农村绿色发展与乡村振兴，其中包括优化农业农村发展布局、推进乡村产业振兴、开展农村人居环境整治等方面的主要措施。

5.3.2 《长江流域重点水域禁捕和建立补偿制度实施方案》

《长江流域重点水域禁捕和建立补偿制度实施方案》是为贯彻党中央、国务院关于加强生态文明建设的决策部署，落实党的十九大"以共抓大保护、不搞大开发为导向推动长江经济带发展"的战略布局，根据2017 年中央一号文件"率先在长江流域水生生物保护区实现全面禁捕"、2018 年中央一号文件"建立长江流域重点水域禁捕补偿制度"等要求制定。由农业农村部、财政部、人力资源和社会保障部于 2019 年 1 月 6日印发并实施。

方案提出，根据长江流域水生生物保护区、长江干流和重要支流除保护区以外的水域、大型通江湖泊除保护区以外的水域、其他相关水域4 种情况，分类分阶段推进禁捕工作。

（1）长江水生生物保护区。2019 年年底以前，完成水生生物保护区渔民退捕，率先实行全面禁捕，今后水生生物保护区全面禁止生产性捕捞。

（2）长江干流和重要支流。2020 年年底以前，完成长江干流和重要支流除保护区以外水域的渔民退捕工作，暂定实行 10 年禁捕，禁捕期结束后，在科学评估水生生物资源和水域生态环境状况以及经济社会发展需要的基础上，另行制定水生生物资源保护管理政策。

（3）大型通江湖泊。大型通江湖泊（主要指鄱阳湖、洞庭湖等）除保护区以外的水域由有关省级人民政府确定禁捕管理办法，可因地制宜进行"一湖一策"差别管理，确定的禁捕区 2020 年年底以前实行禁捕。

（4）其他水域。长江流域其他水域的禁渔期和禁渔区制度，由有关地方政府制定并组织实施。

根据方案，中央财政采取一次性补助与过渡期补助相结合的方式对禁捕工作给予适当支持。退捕渔民临时生活补助、社会保障、职业技能培训等相关工作所需资金主要由各地结合现有政策资金渠道解决。

5.4 交通运输部

5.4.1 《关于推进长江航运高质量发展的意见》

近年来，长江航运加快发展，服务能力显著提升，在区域经济社会发展中的战略作用更加凸显，但仍然存在绿色发展短板、局部航道瓶颈制约、应急保障不足、服务质量不高等问题。为深入贯彻落实习近平总书记推动长江经济带发展系列重要讲话精神，加快推进长江航运高质量发展，交通运输部印发了《关于推进长江航运高质量发展的意见》（交水发〔2017〕114 号）。

意见提出，以习近平新时代中国特色社会主义思想为指导，全面贯彻党的十九大和十九届二中、三中、四中全会精神，坚持新发展理念，以供给侧结构性改革为主线，以"共抓大保护、不搞大开发""生态优先、绿色发展"为根本遵循，以改革创新为动力，着力推进设施装备升级、夯实安全基础、提高服务品质、提升治理能力，将长江航运区域打造成交通强国建设先行区、内河水运绿色发展示范区和高质量发展样板区，为推动长江经济带高质量发展提供坚实支撑和有力保障。

意见明确，到 2025 年，基本建立发展绿色化、设施网络化、船舶标准化、服务品质化、治理现代化的长江航运高质量发展体系，长江航运绿色发展水平显著提高，设施装备明显改善，安全监管和救助能力进一步提升，创新能力显著增强，服务水平明显提高，在区域经济社会发展中的作用更加凸显。到 2035 年，建成长江航运高质量发展体系，长江航运发展水平进入世界内河先进行列，在综合运输体系中的优势和作用充分发挥，为长江经济带发展提供坚实支撑。

　　意见围绕交通强国目标和综合交通运输体系建设要求，坚持问题导向和目标导向，按照生态优先、绿色发展，安全第一、服务民生，改革引领、创新驱动，统筹兼顾、协同高效的原则，立足当前，着眼长远，提出了 5 个方面 20 项重点任务。

5.4.2 《长江经济带船舶污染防治专项行动方案（2018—2020 年）》

　　为全面贯彻落实党的十九大关于生态文明和美丽中国建设的新时代发展理念，认真落实习近平总书记关于长江经济带"共抓大保护，不搞大开发"指示精神，交通运输部印发了《长江经济带船舶污染防治专项行动方案（2018—2020 年）》（交办海〔2017〕195 号），专项行动以问题为导向，标本兼治，协同推进，努力实现绿色交通和航运可持续发展，以满足广大人民群众对蓝天碧水、清洁空气的殷切期待。

　　据行动方案要求，长江经济带相关省级交通运输、航务管理及海事部门，将通过 3 年的专项行动，着力降低长江经济带船舶污染风险，减少船舶污染物排放，提升船舶突发污染事件应急能力，促进长江经济带绿色航运发展，并重点落实强化船舶污染源头管理、加强船舶污染防治作业现场监管、推进船舶污染物接收与处置船岸衔接、提升船舶污染应急处置能力、创新监管方式、完善船舶污染防治法规标准体系、推进航运清洁生产等 7 项任务，明确了加强组织领导、加强资金支持、加强协调联动、加强宣传引导等 4 项保障措施。

5.5 自然资源部

5.5.1 《长江经济带废弃露天矿山生态修复工作方案》

2019 年 4 月，自然资源部印发了《长江经济带废弃露天矿山生态修复工作方案》，方案以习近平新时代中国特色社会主义思想为指导，全面贯彻习近平生态文明思想，牢固树立"绿水青山就是金山银山"理念，坚持"共抓大保护、不搞大开发"，统筹山水林田湖草系统保护修复，按照保障安全、恢复生态、兼顾景观的总体要求，因地制宜、多措并举，扎实开展长江经济带废弃露天矿山生态修复，助力长江经济带成为我国生态文明建设的先行示范带、创新驱动带、协调发展带。

方案对长江干流（含金沙江四川段、云南段，四川省宜宾市至入海口）及主要支流（含岷江、沱江、赤水河、嘉陵江、乌江、清江、湘江、汉江、赣江）沿岸废弃露天矿山（含采矿点）生态环境破坏问题进行综合整治。到 2020 年年底，全面完成长江干流及主要支流两岸各 10 km 范围内废弃露天矿山治理任务。

方案明确了上游、中游、下游不同区域的重点任务。其中：

上游地区：云南省、贵州省、四川省、重庆市的废弃露天矿山以铁、锰、铝土、稀土、磷等金属、非金属矿为主，滑坡、泥石流、地裂缝等地质灾害较为发育。该区域矿山生态修复重点是消除地质灾害隐患，防治水土流失，恢复植被。

中游地区：江西省、湖南省的废弃露天矿山以有色金属矿、稀土矿等为主，湖北以磷矿为主，总磷和重金属水土污染问题突出。该区域矿山生态修复重点是废渣治理，防治污染，恢复植被。

下游地区：安徽省废弃露天矿山以铁、铜等金属矿和石灰石等非金属矿为主，江苏省、浙江省、上海市以建材矿山为主，山体、植被破坏问题较为严重。该区域矿山生态修复重点是恢复生态和修复地形地貌景观。

5.5.2《关于探索利用市场化方式推进矿山生态修复的意见》

2019 年 12 月，自然资源部印发了《关于探索利用市场化方式推进矿山生态修复的意见》，意见将构建政府为主导、企业为主体、社会组织和公众共同参与的环境治理体系，激励、吸引社会投入，推行市场化运作、科学化治理的模式，加快推进矿山生态修复。

意见的出台是自然资源部贯彻落实习近平总书记在民营企业座谈会上重要讲话精神的一项举措，旨在通过自然资源政策激励，吸引社会各方投入，探索推行市场化运作、科学化治理的矿山生态修复模式，实现生态效益、社会效益和经济效益相统一。

意见明确，对历史遗留矿山废弃的国有建设用地，可通过赋予矿山生态修复投资主体后续土地使用权的方式，激励社会资本投入。一是在符合国土空间规划的前提下，修复后拟改为经营性建设用地的可采取两种实施模式：由地方政府整体修复后，进行土地前期开发，以公开竞争方式分宗确定土地使用权人；将矿山生态修复方案、土地出让方案一并通过公开竞争方式确定同一修复主体和土地使用权人，并分别签订生态修复协议与土地出让合同。二是修复后拟作为农用地的，可由市、县人民政府或其授权部门以协议形式确定修复主体，签订国有农用地承包经营合同，从事种植业、林业、畜牧业或渔业生产。

意见规定，正在开采的矿山将依法取得的存量建设用地和历史遗留矿山废弃建设用地修复为耕地的，经验收合格后，可参照城乡建设用地增减挂钩政策，腾退的建设用地指标可在省域范围内流转使用。

5.6 水利部

5.6.1 《关于开展长江经济带小水电清理整改工作的意见》

2018 年，水利部牵头印发了《关于开展长江经济带小水电清理整改工作的意见》（水电〔2018〕312 号），总体目标提出，限期退出涉及自然保护区核心区或缓冲区、严重破坏生态环境的违规水电站，全面整改审批手续不全、影响生态环境的水电站，完善建管制度和监管体系，有效解决长江经济带小水电生态环境突出问题，促进小水电科学有序可持续发展。

意见深入贯彻习近平生态文明思想和党的十九大精神，按照党中央、国务院关于长江经济带发展的决策部署，坚持共抓大保护、不搞大开发，正确把握生态环境保护、经济社会发展、社会稳定之间的关系，切实纠正小水电开发中存在的生态环境突出问题，保护和修复河流生态系统，促进长江经济带走出一条生态优先、绿色发展的新路子。

意见提出了问题核查评估、分类整改落实、严控新建项目等具体任务措施和要求，有效指导了长江经济带小水电整治的目标和方向。

5.6.2 《关于加强长江经济带小水电站生态流量监管的通知》

2019 年，水利部联合生态环境部印发了《关于加强长江经济带小水电站生态流量监管的通知》（水电〔2019〕241 号），通知要求加强生态流量监督管理，健全生态流量保障机制，力争 2020 年年底前长江经济带沿江 11 个省（市）全面落实小水电站生态流量，保障河湖生态用水，推进小水电绿色发展，维护长江健康生态。

通知坚持问题导向，结合水行政主管部门和生态环境主管部门的职责，提出了落实小水电站生态流量的有关要求。

一是针对如何确定小水电站生态流量的问题，明确根据技术规范，在满足生活用水的前提下，结合河流特性、水文气象条件和水资源开发利用现状，统筹考虑生产、生态用水需求；二是针对如何处理生态流量规定不一致的问题，明确由水行政主管部门商同级生态环境主管部门确定；三是针对如何完善生态流量泄放设施和安装生态流量监测设施问题，明确须符合国家有关设计、施工、运行管理相关标准；四是针对如何通过生态调度运行保障小水电站生态流量问题，结合我国实际，明确小水电站生态调度运行要遵循"兴利服从防洪、区域服从流域、电调服从水调"原则，2022 年以前要提出取水许可审批监管和生态调度运行的要求；五是针对如何解决小水电站生态流量监管薄弱问题，明确将小水电站生态流量监督管理纳入河湖长制工作范围和考核内容，建立定期检查制度，制定重点监管名录，提出重点监管要求；六是提出建立保障机制的一般性要求，推动地方建立反映生态保护和修复治理成本的小水电上网电价机制，安排专项资金用于小水电站生态流量确定、泄放设施或生态修复方案设计、生态流量监管平台建设维护、生态调度相关技术方案研究等。

6

沿江省（市）相关政策

　　上海市积极贯彻执行国家有关长江生态环境保护的法律、法规、规章和方针、政策，并会同有关部门结合上海市生态环境现状制定各类生态环境政策、规划，起草有关地方性法规、规章草案，编制并监督实施重点区域、流域、海域、饮用水水源地等的生态环境规划和环境功能区划，拟定生态环境标准，制定生态环境基准和技术规范。近年来，上海市先后出台了《上海市水污染防治行动计划实施方案》（沪府发〔2015〕74 号）、《中共上海市委、上海市人民政府关于全面加强生态环境保护坚决打好污染防治攻坚战建设美丽上海的实施意见》，修改了《上海市崇明东滩鸟类自然保护区管理办法》（上海市人民政府令第 11 号），发布实施《污水综合排放标准》（DB 31/199—2018）等地方标准。

　　江苏省基于省情，围绕"美丽中国"建设目标要求，持续开展长江大保护工作，近年来积极开展了美丽江苏生态环境保护目标体系研究、基于资源环境承载力评估的空间管控体系研究、重点领域环境治理与质量改善研究、生态环境治理体系和治理能力现代化建设研究等多项前瞻

105

性工作，出台了各类管理规定及相关标准，主要包括修订了《江苏省长江水污染防治条例》，发布实施《江苏省长江保护修复攻坚战行动计划实施方案》（苏政办发〔2019〕52 号）、《江苏省长江经济带生态环境保护实施规划》《关于全面加强生态保护坚决打好污染防治攻坚战的实施意见》等。

浙江省始终坚持以习近平新时代中国特色社会主义思想为指导，以生态文明思想为引领，全面贯彻党的十九大和十九届二中、三中、四中全会精神和省十四次党代会及历次全会精神，坚定不移践行"两山"理念，紧紧围绕高质量建设美丽浙江这一目标，聚焦打赢污染防治攻坚战，聚焦推进生态环境治理现代化，协同推动生态环境高水平保护和经济高质量发展。近年来，浙江省为确保完成环境治理各项目标任务，结合省内工作实际，制定出台了多项管理规定及相关标准，如印发实施《长江保护修复攻坚战浙江省实施方案》（浙环函〔2019〕284 号）、《长江经济带生态环境保护规划浙江省实施方案》《关于高标准打好污染防治攻坚战　高质量建设美丽浙江的意见》《浙江省"三线一单"生态环境分区管控方案》（浙环〔2020〕2 号）等。

安徽省高度重视自然生态环境保护工作，始终以习近平新时代中国特色社会主义思想为指导，深入贯彻党的十九大精神，牢固树立"四个意识"，认真践行"绿水青山就是金山银山"理念，坚持人与自然和谐共生，尊重自然、顺应自然、保护自然。安徽省近 3 年陆续出台了各类政策文件及多项实施方案，如印发实施《长江安徽段生态环境大保护大治理大修复强化生态优先绿色发展理念落实专项攻坚行动方案》《关于全面加强生态环境保护坚决打好污染防治攻坚战的实施意见》《巢湖流域水污染防治条例》《巢湖综合治理攻坚战实施方案》等文件。

江西省对生态环境保护工作高度重视，投入大、措施多，在污染防治攻坚战上狠下功夫，积极采取有效措施，不断加大生态保护力度，改善环境质量，先后出台了多项措施，包括印发了《江西省长江保护修复攻坚战工作方案》《江西省长江经济带"共抓大保护"攻坚行动工作方案》《关于全面加强生态环境保护坚决打好污染防治攻坚战的实施意见》，严格落实《水污染防治行动计划》、实施区域差别化环境准入相关工作等。

湖北省认真贯彻落实习近平总书记提出的"共抓大保护、不搞大开发"的思想，有效加大生态环境保护工作力度，出台了《湖北省长江保护修复攻坚战工作方案》《湖北省长江经济带生态环境保护规划（2016—2020）》《湖北省关于开展碧水保卫战"攻坚行动"的命令》《湖北省农业农村污染治理实施方案》等政策类文件。

湖南省高度重视长江生态环境保护工作，近3年来，修改了《湖南省环境保护条例》，出台了《湖南省贯彻落实〈长江保护修复攻坚战行动计划〉实施方案》《长江经济带（湖南省）生态环境保护实施方案》《湖南省污染防治攻坚战三年行动计划（2018—2020年）》（湘政发〔2018〕17号）。

重庆市不断加强生态环境保护，通过制定地方排放标准，出台实施相关政策文件，促进相关工作有序开展，近3年，出台了《重庆市长江保护修复攻坚战实施方案》（渝环〔2019〕103号）、《重庆市污染防治攻坚战实施方案（2018—2020年)》《关于规范畜禽养殖禁养区划定和管理促进生猪生产发展的通知》《重庆市环境行政处罚裁量基准》等主要相关文件，涵盖畜禽养殖污染防治、生态环境损害、环境管理等方面。

四川省于2019年出台了《四川省打好长江保护修复攻坚战实施方案》（川府发〔2019〕4号）、《关于全面加强生态环境保护坚决打好污染防治攻坚战的实施意见》等相关环境管理类规范性文件，四川省政府发布《四川省打赢碧水保卫战实施方案》《四川省流域横向生态保护补

偿奖励政策实施方案》等文件，强化了长江生态环境保护工作的有力开展。

贵州省持续强化生态环境保护工作，陆续出台了《贵州省开展长江珠江上游生态屏障保护修复攻坚行动方案》（黔环通〔2019〕100 号）、《贵州省河道条例》《贵州省生态环境保护条例》等地方保护条例及环境标准和《中共贵州省委 贵州省人民政府关于全面加强生态环境保护坚决打好污染防治攻坚战的实施意见》等文件。

云南省加快生态环境保护与治理，颁布实施《云南省以长江为重点的六大水系保护修复攻坚战实施方案》（云水发〔2019〕34 号）、《云南省九大高原湖泊保护治理攻坚战实施方案》《中共云南省委、云南省人民政府关于全面加强生态环境保护坚决打好污染防治攻坚战的实施意见》《云南省建立市场化、多元化生态保护补偿机制行动计划》，按照云南省委、省政府主要领导提出"洱海保护治理和发展一定要同时抓，要下定决心，坚决走一条转型发展、高质量发展之路"的要求，编制《洱海保护治理与流域生态建设"十三五"规划》和 8 个子专项规划。

从文件类型来看，相关政策主要包括规划计划类、条例标准类、方案类、意见类、管理办法类等，具体沿江省（市）相关政策名录详见表 6-1。

表 6-1　沿江省（市）相关政策名录

文件类型	文件名称	印发省份
规划计划类	《江苏省长江经济带生态环境保护实施规划》	江苏省
	《湖北省长江经济带生态环境保护规划（2016—2020）》	湖北省
	《湖北省关于开展碧水保卫战"攻坚行动"的命令》	湖北省
	《湖南省污染防治攻坚战三年行动计划（2018—2020 年）》	湖南省
	《云南省建立市场化、多元化生态保护补偿机制行动计划》	云南省

文件类型	文件名称	印发省份
条例标准类	《污水综合排放标准》	上海市
	《江苏省长江水污染防治条例》	江苏省
	《巢湖流域水污染防治条例》	安徽省
	《湖南省环境保护条例》	湖南省
	《重庆市环境行政处罚裁量基准》	重庆市
	《贵州省河道条例》	贵州省
	《贵州省生态环境保护条例》	贵州省
方案类	《上海市水污染防治行动计划实施方案》	上海市
	《江苏省长江保护修复攻坚战行动计划实施方案》	江苏省
	《长江保护修复攻坚战浙江省实施方案》	浙江省
	《长江经济带生态环境保护规划浙江省实施方案》	浙江省
	《浙江省"三线一单"生态环境分区管控方案》	浙江省
	《长江安徽段生态环境大保护大治理大修复强化生态优先绿色发展理念落实专项攻坚行动方案》	安徽省
	《巢湖综合治理攻坚战实施方案》	安徽省
	《江西省长江保护修复攻坚战工作方案》	江西省
	《江西省长江经济带"共抓大保护"攻坚行动工作方案》	江西省
	《湖北省长江保护修复攻坚战工作方案》	湖北省
	《湖北省农业农村污染治理实施方案》	湖北省
	《湖南省贯彻落实〈长江保护修复攻坚战行动计划〉实施方案》	湖南省
	《长江经济带（湖南省）生态环境保护实施方案》	湖南省
	《重庆市长江保护修复攻坚战实施方案》	重庆市
	《重庆市污染防治攻坚战实施方案（2018—2020年）》	重庆市

中国环境规划政策绿皮书
长江经济带生态环境保护修复进展报告 2019

文件类型	文件名称	印发省份
方案类	《四川省打好长江保护修复攻坚战实施方案》	四川省
	《四川省打赢碧水保卫战实施方案》	四川省
	《四川省流域横向生态保护补偿奖励政策实施方案》	四川省
	《贵州省开展长江珠江上游生态屏障保护修复攻坚行动方案》	贵州省
	《云南省以长江为重点的六大水系保护修复攻坚战实施方案》	云南省
	《云南省九大高原湖泊保护治理攻坚战实施方案》	云南省
意见类	《中共上海市委 上海市人民政府关于全面加强生态环境保护坚决打好污染防治攻坚战建设美丽上海的实施意见》	上海市
	《中共江苏省委 江苏省人民政府关于全面加强生态保护坚决打好污染防治攻坚战的实施意见》	江苏省
	《关于高标准打好污染防治攻坚战 高质量建设美丽浙江的意见》	浙江省
	《中共安徽省委、安徽省政府关于全面加强生态环境保护坚决打好污染防治攻坚战的实施意见》	安徽省
	《关于全面加强生态环境保护坚决打好污染防治攻坚战的实施意见》	江西省
	《中共四川省委 四川省人民政府关于全面加强生态环境保护坚决打好污染防治攻坚战的实施意见》	四川省
	《中共贵州省委 贵州省人民政府关于全面加强生态环境保护坚决打好污染防治攻坚战的实施意见》	贵州省
	《中共云南省委、云南省人民政府关于全面加强生态环境保护坚决打好污染防治攻坚战的实施意见》	云南省
管理办法类	《关于修改〈上海市崇明东滩鸟类自然保护区管理办法〉的决定》	上海市
	《江西省环境保护厅等四部门关于落实〈水污染防治行动计划〉实施区域差别化环境准入相关工作的通知》	江西省
	《关于规范畜禽养殖禁养区划定和管理促进生猪生产发展的通知》	重庆市

6.1 上海市

6.1.1 《上海市水污染防治行动计划实施方案》

《上海市水污染防治行动计划实施方案》明确到 2020 年，基本消除丧失使用功能的地表水体，地下水和近岸海域水质保持稳定。实施方案共安排治理措施 270 余项，重点包括保障饮用水水源安全、加快污水厂网建设、整治农业和农村污染、严控工业污染、深化生态环境综合整治、加强水生态系统保护等 6 个方面。保障措施包括强化组织落实、实施综合管控、严格执法监管、强化公众监督、加强科技支撑、创新投入机制。

6.1.2 《中共上海市委 上海市人民政府关于全面加强生态环境保护坚决打好污染防治攻坚战建设美丽上海的实施意见》

为贯彻落实习近平生态文明思想和全国生态环境保护大会精神，坚决打好污染防治攻坚战，上海市委、市政府按照"1+1+3+X"体系对本市污染防治攻坚进行了全面部署。第一个"1"是 1 个总纲，即出台《中共上海市委 上海市人民政府关于全面加强生态环境保护坚决打好污染防治攻坚战建设美丽上海的实施意见》；第二个"1"是推进 1 个综合性环保计划，即滚动实施本市环保三年行动计划；"3"是指继续推进大气、水、土壤等 3 个污染防治专项计划。"X"是指对应中央污染防治攻坚要求，结合上海实际，对 3 年内必须取得明显进展、环境改善贡献较大的具体任务重点突破，出台 11 个专项行动。

实施意见提出攻坚目标应以 2020 年为主要节点，从质量、总量、风险 3 个层面，统筹中央要求、上海实际和市民需求 3 个维度，综合确

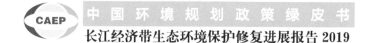

定本市污染攻坚目标，进一步突出群众感受度和获得感。

具体指标上，到 2020 年，在大气方面，PM$_{2.5}$ 年均质量浓度降到 37 μg/m^3，基本消除重污染天气，环境空气质量优良率（AQI）争取达到 80%；在水方面，全面稳定消除河道黑臭现象，力争全面消除劣 V 类水体；在土壤方面，土壤环境质量总体保持稳定，受污染耕地及污染地块安全利用率约达到 95%；在生态方面，森林覆盖率达到 18%，人均公园绿地面积达到 8.5 m^2，湿地总面积维持在 46.46 万 hm^2，河湖水面率不低于 10.1%。

6.1.3 《污水综合排放标准》

上海市《污水综合排放标准》自 2018 年 12 月 1 日起实施。

此标准适用于法律允许的水污染物排放行为。标准适用于水污染物排放管理，包括环评、环保设施设计、竣工验收和排污许可管理。企业执行标准时应优先执行水污染物行业排放标准，标准中删除了原标准对个别行业的特别要求。

本标准延续原标准中实行的分类分级管理：一类污染物共 17 项，在车间排放口或生产设施排放口采样监测，一类污染物不分污水排放方式，其监控位置与排放浓度实行统一标准；二类污染物 92 项，在排污单位总排口采样检测，二类污染物根据去向分为三级，排入特殊保护水域的执行特殊保护水域标准，排入Ⅲ类水体及二类海域的执行一级标准，向非敏感水域直接排放水污染物的排污单位执行二级标准，间接排放水污染物则执行三级标准。

通过梳理上海市工业企业的行业分布以及污染物产生情况，此标准相比原标准增加了 12 个污染物项目：总锑、总铊、总铁、二氯甲烷、硝基酚、硫氰酸盐、壬基酚、六氯代-1,3-环戊二烯、多环芳烃、多氯联苯、滴滴涕和六六六。

对于一类污染物所有排污单位自 2018 年 12 月 1 日起施行此标准，直接排放二类污染物的，新建单位自 2018 年 12 月 1 日起施行，现有单位自 2019 年 12 月 1 日起施行，2019 年 12 月 1 日之前执行原标准DB 31/199—2009 的排放限值，间接排放自 2019 年 12 月 1 日起施行。

另外，水污染物排放除执行此标准所规定的排放限值外，还应达到污染物排放总量控制限值；若一个排污单位的排污口排放两种或两种以上的混合污水，且各种污水若单独排放时执行不同的排放标准，若该排污口排放的混合污水则按其中最严格的排放标准执行。

新标准中提到，以下情况可以协商排放：当排污单位以密闭管道的形式向设置污水处理厂的工业园区排水系统排放污水，且污水处理厂具备处理此类污水的特定工艺和能力并确保达标排放时，可协商。一类污染物不得协商排放。协商排放单位还应履行如下义务：①排污单位执行商定限值，应开展自行监测，并保障监测设备的正常运行；②协商排放应备案，并载入排污许可证。

根据《排污单位自行监测技术指南总则》（HJ 819—2017），排污单位应掌握本单位的污染物排放状况及其对周边环境质量的影响等情况，应按照相关法律法规和技术规范，组织开展环境监测活动。

对排污单位排放污水的采样，应根据监测污染物的种类，在规定的污染物排放监控位置进行。对污染物排放情况进行监测的频次、采样时间等，按照国家和上海生态环境主管部门的有关规定和要求执行。

6.1.4 《上海市人民政府关于修改〈上海市崇明东滩鸟类自然保护区管理办法〉的决定》

《上海市人民政府关于修改〈上海市崇明东滩鸟类自然保护区管理

办法〉的决定》经 2018 年 10 月 15 日市政府第 28 次常务会议通过,自 2018 年 12 月 1 日起施行。

上海崇明东滩鸟类国家级自然保护区位于低位冲积岛屿崇明岛东端的崇明东滩的核心部分,面积约为 3.2 万 hm^2,约占上海市湿地总面积的 7.8%,主要保护对象为水鸟和湿地生态系统。在长江泥沙的淤积作用下,自然保护区内形成了大片淡水到微咸水的沼泽地、潮沟和潮间带滩涂。区内有众多的农田、鱼塘、蟹塘和芦苇塘,沼生植被繁茂,底栖动物丰富,是亚太地区春秋季节候鸟迁徙极好的停歇地和驿站,也是候鸟的重要越冬地,是世界上为数不多的野生鸟类集居、栖息地之一。有关资料表明,东滩有 116 种鸟,占中国鸟类总数的 1/10,尤其是国家二级保护动物小天鹅在东滩越冬的数量曾达 3 000~3 500 只,还有来自澳大利亚、新西兰、日本等国的过境栖息候鸟,总数达 200 万~300 万只。

保护区主要由团结沙外滩、东旺沙外滩、北八溢外滩、潮间带滩涂湿地和河口水域组成,1998 年经上海市人民政府批准建立,划分为核心区、缓冲区和实验区,其中核心区面积为 165.9 km^2、缓冲区面积为 10.7 km^2、实验区面积为 64.9 km^2。

1999 年,上海编办批准建立崇明东滩鸟类自然保护区管理处,目前已逐步建立了下设办公室、执法、科研、社区事务管理和环境教育中心及 5 个管护站的机构体系,保护区的科研、执法、宣教、社区工作全面推进,逐步进入有序管理和科学保护的发展轨道。

6.2 江苏省

6.2.1 《江苏省长江保护修复攻坚战行动计划实施方案》

长江是中华民族的母亲河,是江苏高质量发展走在前列的战略支撑。

为切实把改善长江生态环境摆在压倒性位置，共抓大保护、不搞大开发，2019 年 6 月省政府办公厅印发了《江苏省长江保护修复攻坚战行动计划实施方案》，明确了江苏省长江水生态环境保护的总体要求、主要任务、保障措施，在加大空间保护、治污减排、生态修复力度上提出更严格的管控措施，以推动长江生态功能逐步恢复、环境质量持续改善。

方案总体参照国家"行动计划"，共三大部分，第一部分为总体要求，明确以长江水生态环境质量改善为核心，2019 年主要入江支流控制断面全面消除劣Ⅴ类，全省设区市及太湖流域县（市）建成区黑臭水体基本消除。2020 年长江流域（沿江 8 市）水质优良的国考断面比例达到 71.9%，县级及以上城市集中式饮用水水源水质优良比例高于 98%。第二部分共九大主要任务：①强化生态环境空间管控、严守生态保护红线。编制实施全省国土空间规划，划定生态缓冲带，开展生态缓冲带综合整治，实施流域控制单元精细化管理，着力消除劣Ⅴ类水体。②排查整治排污口、推进水陆统一监管。在泰州先行先试，沿江其他城市"压茬式"推进。③加强工业污染治理、有效防范生态环境风险。长江干支流 1 km 范围内禁止新建、扩建化工园区和化工项目，全面开展"散乱污"涉水企业综合整治，规范工业园区环境管理，开展含磷农药企业排查整治、打击固体废物环境违法行为专项行动，开展长江生态隐患和环境风险调查评估。④加强农业农村污染防治、持续改善农村人居环境。加强农村生活垃圾和生活污水治理，推进农村"厕所革命"，实施化肥、农药施用量负增长行动，整省推进畜禽粪污资源化利用，重点湖库非法围网养殖全面完成整治，大力推进养殖池塘生态化改造。⑤补齐环境基础设施短板、保障饮用水水源水质安全。开展"万人千吨"饮用水水源地专项行动，加快推进太湖流域城镇污水处理厂新一轮提标改造，到 2020 年年底沿江 8 市基本无生活污水直排口，全面推进垃圾分类和治理。⑥加强航运污染防治、防范船舶港口环境风险。研究制定加强长江船舶污染治理的实施意见，市、县人民政府统筹规划建设船舶污染物接收、转运及处置设施，建立并实施联单制度和联合监管制度，全面推进内河载运危化品船舶离港前强制洗舱。⑦优化水资源配置、有效保障生态用水需求。实行水资源消耗总量和强度双控，开展小水电清理整顿，确保生态用水比例只增不减。⑧强化生态系统管护、严厉打击生态破坏行为。建立非法采砂区域联动执法机制，开展长江生态环境大普查，开展生态保护修复工程建设和湿地保护与修复工程建设，确保长江干流及洲岛自然岸线保有率、全省自然湿地保护率达到 50% 以上。⑨全面推进突出问题整改、着力修复长江生态环境。聚焦长江生态环境突出问题，组织制定详细整改方案，倒排时间节点，明确工作计划和阶段性目标，全力以赴推进问题解决。第三部分为保障措施，包括加强党的领导、完善政策标准、健全投融资与补偿机制、强化科技支撑、严格生态环境监督执法、促进公众参与等 6 项。要求各地组织制定本地区工作方案，严格考核问责机制，完善长江环境污染联防联控机制和预警应急体系，加大环境执法力度，提升监测预警能力，探索经济激励机制，加强环境信息公开，构建全民行动格局。

6.2.2 《江苏省长江水污染防治条例》

《江苏省长江水污染防治条例》（以下简称《条例》）于 2004 年 12 月 17 日由江苏省第十届人民代表大会常务委员会第十三次会议通过，根据 2010 年 9 月 29 日江苏省第十一届人民代表大会常务委员会第十七次会议《关于修改〈江苏省长江水污染防治条例〉的决定》第一次修正，根据 2012 年 1 月 12 日江苏省第十一届人民代表大会常务委员会第二十六次会议《关于修改〈江苏省长江水污染防治条例〉的决定》第二次修正，根据 2018 年 3 月 28 日江苏省第十三届人民代表大会常务委员会第二次会议《关于修改〈江苏省大气污染防治条例〉等十六件地方性法规的决定》第三次修正。

《条例》明确了"沿江开发，环境优先"的原则。规定省人民政府和沿江地区各级人民政府应贯彻预防为主、防治结合、综合整治、促进发展的方针，坚持先规划、后开发，先环评、后立项，在开发中保护、在保护中开发的原则。针对沿江开发，《条例》还要求各级政府合理布局生产力，优化产业结构，推行清洁生产，发展循环经济，将沿江地区建设成新型工业化的先导区、可持续发展的示范区。

《条例》明确规定，沿江地区实行地表水功能达标责任制以及行政区界上下游水体断面交接责任制，并纳入政府环境保护任期责任目标。沿江地区县级以上人民政府主要负责人对实现环境保护任期目标负主要责任。将任期责任目标完成情况作为考核和评价主要负责人政绩的重要内容。

《条例》加大了对违法排污企业的处罚力度，规定排污单位超过重点水污染物排放总量控制指标排放水污染物的，由环保部门责令限期改正，并处以罚款。

6.2.3 《江苏省长江经济带生态环境保护实施规划》

《江苏省长江经济带生态环境保护实施规划》明确了主要目标：到 2020 年，全省生态环境明显改善，生态系统稳定性全面提升，河湖、湿地生态功能基本恢复，生态环境保护体制机制进一步完善。到 2030 年，水环境质量、空气质量和水生态质量全面改善，生态系统服务功能显著增强，生态环境更加美好。

规划提出了保护和科学利用水资源、实施生态保护与修复、推进水环境治理、建设美丽宜居城乡环境、严格管控环境风险、创新生态环境

协同保护机制政策等具体任务措施，同时明确了加强组织领导、完善环境法治、加强政策创新、加大资金投入、加强科技支撑、实施信息公开、严格评估考核等保障措施。

6.2.4 《中共江苏省委 江苏省人民政府关于全面加强生态保护坚决打好污染防治攻坚战的实施意见》

《中共江苏省委 江苏省人民政府关于全面加强生态保护坚决打好污染防治攻坚战的实施意见》（苏发〔2018〕24 号）指出，当前，江苏省生态文明建设正处于压力叠加、负重前行的关键期，也到了有条件、有能力解决突出生态环境问题的窗口期。全省上下要把生态文明建设重大部署和重要任务落到实处，让良好生态环境成为人民幸福生活的增长点、成为经济社会持续健康发展的支撑点、成为建设美丽江苏的发力点。

实施意见明确了江苏省生态环境保护的目标。到 2020 年，全面完成"十三五"生态环境保护目标。全省 $PM_{2.5}$ 平均质量浓度降至 46 μg/m³，平均优良天数比率达到 72%；地表水国考断面水质优于Ⅲ类的比例达到 70.2%以上，国家考核水功能区达标率达到 82%以上，各设区市和太湖流域县（市）建成区黑臭水体基本消除，近岸海域和地下水质量保持稳定；土壤环境质量总体保持稳定；二氧化硫、氮氧化物、VOCs 排放总量均削减 20%；各类生态保护红线面积比例超过 23%，林木覆盖率超过 24%。

为实现上述目标，实施意见重点对蓝天、碧水、净土保卫战进行精心谋化、系统部署。

针对着力打好碧水保卫战，要求更加细化长江保护修复和太湖治理工作，提出长江江苏段要强化空间管理、综合整治入江排污口、防范沿江环境风险、加强航运船舶污染防治和生态修复。明确要求大幅提升生态岸线比例，将干流及洲岛岸线开发利用率降到 50%以下。2019 年消

118

除劣Ⅴ类主要入江支流，到2020年实现入河排污口监测全覆盖。此外，太湖治理要全面拆除围网，到2020年，主要入湖河流支流、支浜全面消除黑臭现象，与主要入湖河流直接连通的支流或支浜消除劣Ⅴ类，完成约1万亩湿地修复工程。同时，实施意见还对推进绿色发展转型升级、加快生态保护与修复、全面提升污染防治能力提出了要求。

6.3 浙江省

6.3.1 《长江保护修复攻坚战浙江省实施方案》

《长江保护修复攻坚战浙江省实施方案》要求，强化生态环境空间管控，严守生态保护红线。完善生态环境空间管控体系，编制实施全省国土空间规划。开展重要河湖生态缓冲带建设，出台推荐性划分技术指南。依法打击围垦湖泊、填湖造地等行为。严格控制与水生态保护无关的开发活动，修复沿河环湖湿地生态系统。建立完善生态保护红线、环境质量底线、资源利用上线和环境准入负面清单"三线一单"空间管控体系，完成"三线一单"编制和生态保护红线勘界定标。

方案强调，要强化生态系统管护，严厉打击生态破坏行为。严格岸线保护修复，深入实施河长制、湖长制，制定实施"一河一策""一湖一策"，开展突出问题专项整治行动，严厉打击侵占河湖水域岸线等违法违规行为。实施海岸线整治修复三年行动，到2020年，大陆自然岸线保有率不低于35%。

为实施生态保护修复，方案要求，开展长江生态环境大普查，实施国家级和省级山水林田湖草生态保护修复试点工程，开展退耕还林还湿等生态保护修复。实施人工湿地水质净化工程，强化珍稀濒危物种及重要栖息地保护，做好重点河流湖库水生生物保护区监督检查。加强湿地

保护与修复，到 2020 年，湿地面积不低于 1 500 万亩，湿地保护率不低于 50%（不包括水稻田）。强化自然保护地生态环境监管，持续开展自然保护区监督检查专项行动，坚决查处各种违法违规行为。

6.3.2 《长江经济带生态环境保护规划浙江省实施方案》

地处长三角南翼的浙江，践行"绿水青山就是金山银山"的理念，绿色发展成效明显，正努力成为长江经济带生态建设的排头兵。在空间管控，水、气、土、生态保护与修复，环境风险管控等方面，浙江省为积极融入长江经济带生态保护和绿色发展作出了全面规划，出台了《长江经济带生态环境保护规划浙江省实施方案》。

方案深入贯彻党的十九大和省十四次党代会精神，围绕统筹推进"五位一体"总体布局和协调推进"四个全面"战略布局，牢固树立绿色发展和"绿水青山就是金山银山"理念，统筹山水林田湖草系统治理，以改善生态环境质量为核心，共抓大保护，不搞大开发，确保生态功能不退化、水土资源不超载、排放总量不突破、准入门槛不降低、环境安全不失控，努力把浙江省率先建成长江经济带水清、地绿、天蓝的绿色生态区和生态文明建设先行示范区。

方案提出，到 2020 年，全省生态环境明显改善，生态系统稳定性全面提升，河湖、湿地生态功能基本恢复，生态环境保护体制机制进一步完善。到 2030 年，全省生态环境质量全面改善，生态系统服务功能显著增强。

6.3.3 《关于高标准打好污染防治攻坚战 高质量建设美丽浙江的意见》

2018 年 11 月，浙江省委、省政府发布《关于高标准打好污染防治

攻坚战 高质量建设美丽浙江的意见》。意见提出，到 2020 年，将高标准打赢污染防治攻坚战，加快补齐生态环境短板，确保生态环境保护水平与高水平全面建成小康社会目标相适应，其中，省控断面达到或优于Ⅲ类水质比例达到 83%，彻底消除劣Ⅴ类水质断面；近岸海域水质保持稳定；陆域、海域生态保护红线面积占比分别达到 23%、31% 以上。

到 2022 年，浙江省各项生态环境建设指标处于全国前列，生态文明制度体系进一步完善，基本建成美丽中国示范区。其中，省控断面达到或优于Ⅲ类水质比例达到 85%，80% 以上的市、县（市、区）建成省级以上生态文明示范市、县（市、区）。到 2035 年，全省生态环境面貌实现根本性改观，生态环境质量大幅提升，蓝天白云、绿水青山成为常态，基本满足人民对优美生态环境的需要，美丽浙江建设目标全面实现。到 21 世纪中叶，绿色发展方式和生活方式全面形成，人与自然和谐共生，人民享有更加幸福安康的生活。

意见明确，浙江省将大力开展推动形成高质量绿色发展方式、坚决打赢蓝天保卫战、深入实施碧水行动、全面推进净土行动、切实抓好清废行动、加强生态保护与风险防控、构建现代生态环境保护治理体系、健全生态环境保护社会行动体系等方面工作。

在坚决打赢蓝天保卫战方面，显著提高大宗货物铁路、水路货运比例，提高沿海港口集装箱、铁路集疏港比例，鼓励淘汰老旧船舶。落实船舶排放控制区管理政策，主要港口和排放控制区内港口靠港船舶率先使用岸电。内河和江海直达船舶必须使用符合标准的普通柴油。

在深入实施碧水行动方面，协调推进流域水体和近岸海域综合治理，打好近岸海域水污染防治攻坚战。突出抓好入海污染源整治，加快推进入海排污口整治提升，强化直排海污染源监管。加强入海河流治理，对主要入海河流和入海溪闸实行总氮、总磷排放总量控制。到 2020 年，

121

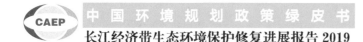

现有入海排污口减少至 160 个，全省 7 条主要入海河流和 6 个主要入海溪闸总氮浓度达到目标要求。完善近岸海域水质监测制度，在台州试点探索建立近岸海域区域分界断面水质监测评价体系。强化港口和船舶污染控制，港口、船舶修造厂环卫设施、污水处理设施纳入城市设施建设规划。到 2020 年，位于内河的港口、码头、装卸站及船舶修造厂达到建设要求，所有渔港配备油污、垃圾收集队伍。建立完善船舶污染物接收、转运、处置监管联单和联合监管制度，机动船舶按国家有关规定配备防污染设备。到 2020 年，现有船舶全部完成达标改造。严格控制海水养殖等造成的海上污染，推进海洋垃圾防治和清理。控制海岸和海上作业污染风险，健全海洋环境风险应急处置体系，切实提高油品、危险化学品泄漏事故应急处置能力。

在加强生态保护与风险防控方面，进一步推进自然保护区、湿地保护区、海洋特别保护区规范化建设和科学管理，到 2020 年，完成省级以上自然保护区范围界限矢量化和勘界立标。加强海洋牧场建设，构建渔业资源可持续利用管控机制。加大自然岸线保护力度，实施全省海岸线整治修复三年行动，实施最严格的围填海和岸线开发管控，统筹安排海洋空间利用活动。到 2020 年，大陆自然岸线保有率不低于 35%。

在构建现代生态环境保护治理体系方面，进一步提高重点流域、重点海域水污染物排放标准，分行业制定和实施水污染物特别排放限值。强化生态环境监测能力建设，健全和扩展水环境监测网络、海洋环境监测网络和辐射环境监测网络建设。

6.3.4 《浙江省"三线一单"生态环境分区管控方案》

2020 年 6 月，经省政府批复同意，《浙江省"三线一单"生态环境分区管控方案》（浙环〔2020〕2 号）对外发布。

　　《浙江省"三线一单"生态环境分区管控方案》是一个充分发挥生态环境引导功能，推动浙江省空间布局和产业结构优化调整的重要文件，对于统筹推进经济高质量发展和生态环境高水平保护具有重大意义。编制实施"三线一单"生态环境分区管控方案是贯彻落实长江经济带"共抓大保护、不搞大开发"和"生态优先、绿色发展"理念，推动形成绿色发展方式和生产生活方式的重要举措。

　　编制"三线一单"，主要是将生态保护红线、环境质量底线、资源利用上线的约束落实到环境管控单元，建立全覆盖的生态环境分区管控体系，并根据环境管控单元特征提出针对性的生态环境准入清单。最终目的是进行更有效的分类管理，做到该禁止的禁止，该限制的严格限制，可以开发的合理开发。浙江省"三线一单"环境管控单元分为优先保护单元、重点管控单元和一般管控单元 3 类。优先保护单元主要为自然保护区、风景名胜区、国家级森林公园、湿地公园及重要湿地、饮用水水源保护区、国家级生态公益林等重要保护地，以生态环境保护为主，依法禁止或限制大规模、高强度的工业和城镇建设。重点管控单元分为产业集聚类和城镇生活类，主要为工业发展集中区域和城镇建设集中区域，需要优化空间布局，加强污染物排放控制和环境风险防控，不断提升资源利用效率。一般管控单元为优先保护单元和重点管控单元以外的其他区域，需要落实生态环境保护相关要求。

　　目前，浙江省共划定陆域环境管控单元 2 507 个。其中，优先保护单元 1 063 个，占国土面积的 50.3%。重点管控单元 1 117 个，占国土面积的 14.3%，其中产业集聚类重点管控单元 612 个，城镇生活类重点管控单元 505 个。一般管控单元 327 个，占国土面积的 35.4%。划定海洋环境管控单元 206 个。其中，优先保护单元 104 个，占全省海域总面积的 33.0%；重点管控单元 80 个，占全省海域总面积的 15.6%；一般管控

单元 22 个，占全省海域总面积的 51.4%。同时，提出了省级总体准入清单，以及优先保护类、重点管控类和一般管控类单元的总体准入清单，实施分区差别化管控。

为确保"三线一单"成果落地应用，要抓好相关措施的配套。①建设应用系统。建设基于数据共享和"一张图"应用的"三线一单"数据应用管理系统，把"三线一单"管控要求和单元进行落图和固化，开发"产业布局分析""行业准入分析""项目准入分析"等智能分析模块，衔接生态环境保护综合协同管理平台、省域空间治理数字化平台、环评审批、排污许可、环境质量自动监测、移动执法等系统，在实现数据共享、动态更新的同时，为政府管理部门、企事业单位、社会公众等提供综合查询、空间冲突分析、项目选址分析等服务，为生态环境综合管理提供有力的技术支撑。②强化监督管理。"三线一单"确定的环境管控单元及生态环境准入清单是区域内资源开发、产业布局和结构调整、城乡建设、重大项目选址的重要依据，相关政策、规划、方案需说明与"三线一单"的符合性，各地在立法、政策制定、规划编制、执法监管中不得变通突破、降低标准。今后，"三线一单"执行情况将作为省级环保督察内容，纳入美丽浙江考核，确保"三线一单"要求不折不扣地得到落实。

6.4 安徽省

6.4.1 《长江安徽段生态环境大保护大治理大修复强化生态优先绿色发展理念落实专项攻坚行动方案》

2019 年 4 月，安徽省委办公厅、省政府办公厅印发的《长江安徽段生态环境大保护大治理大修复强化生态优先绿色发展理念落实专项攻坚行动方案》，提出通过开展"三大一强"专项攻坚行动，使安徽省长江流域突出生态环境问题得到全面整改，1 km、5 km、15 km"三道防线"稳固筑牢，生态环境持续改善。

方案提出主要目标是，通过专项攻坚行动，使安徽省长江流域突出生态环境问题得到全面整改，到 2020 年年底，长江流域国家考核断面水质全面达标，水质优良断面比例达到85%以上，长江干支流消除劣Ⅴ类水体，市建成区黑臭水体总体消除，县级及以上城市集中式饮用水水源水质优良比例达到100%。

"三大一强"专项攻坚行动明确 12 项攻坚任务，即狠抓"23+N"突出生态环境问题整改、全面排查整治入河排污口、深入推进工业污染治理、全面整治劣Ⅴ类水体、推进城镇污水垃圾处理、深入推进"清废行动"、强化农业面源污染治理、推进船舶港口码头污染防治、严格水资源管理、实施生态保护修复、强化自然保护地监管、完善生态环境空间管控体系。根据方案，安徽省将聚焦长江经济带生态环境警示片反映的 23 个问题，在保证质量的前提下，立行立改、能快则快，2019 年 8 月底前完成规定整改；全面开展长江流域生态环境问题"大起底"，2019 年 4 月底前完成各类关联性、衍生性问题摸排工作，2019 年 8 月底前完成规定整改；2019 年年底前，完成省级及以上工业园区污水收集处理整治和达标改造，长江主要支流非法码头清理取缔率达 80%以上；2020 年年底前，完成生态保护红线勘界定标，基本完成岸线修复，规模化畜禽养殖场粪污处理设施装备配套率达到100%等。

安徽省将建立按月调度、现场抽查制度，完善省生态环境保护考核办法，将"23+N"问题整改成效作为考核重要内容，加大生态环境保护考核在党政领导班子和领导干部综合考核中的权重，加快建设水清、岸绿、产业优的美丽长江（安徽）经济带。

6.4.2 《中共安徽省委、安徽省政府关于全面加强生态环境保护坚决打好污染防治攻坚战的实施意见》

《中共安徽省委、安徽省政府关于全面加强生态环境保护坚决打好污染防治攻坚战的实施意见》经安徽省委常委会会议、省政府常务会议审议并征求生态环境部意见后正式印发。

实施意见包括 10 个部分。第一部分，深入贯彻习近平生态文明思想。第二部分，深刻认识安徽省生态环境保护面临的形势。第三部分，全面加强党对生态环境保护的领导。第四部分，明确了总体目标和基本原则。第五至第十部分，部署了六大重点任务。分别是：推动形成绿色发展方式和生活方式，坚决打赢蓝天保卫战，着力打好碧水保卫战，扎实推进净土保卫战，加快生态环境保护与修复，改革完善生态环境治理体系。

实施意见总体考虑：①认真学习领会习近平生态文明思想、全国生态环境保护大会和深入推动长江经济带发展座谈会精神，严格落实中发〔2018〕17 号文件要求。②认真落实中央关于打好污染防治攻坚战一系列具体部署，重点聚焦打赢蓝天保卫战和打好柴油货车污染治理、城市黑臭水体治理、巢湖综合治理、长江保护修复、水源地保护、农业农村污染治理 7 场标志性战役，推动各项工作任务落到实处。③与省委、省政府《关于全面打造水清岸绿产业优美丽长江（安徽）经济带实施意见》《关于全面推广新安江流域生态补偿机制试点经验的意见》等重大决策部署进行全面衔接。④认真分析安徽省生态环境保护工作面临的新形势、新挑战和新要求，尤其是近年来存在的突出问题及成因，提出有效整治措施。

实施意见要求，以"五控"（控煤、控气、控车、控尘、控烧）为抓手，调整优化产业结构、能源结构、运输结构、用地结构，从加强工业企业大气污染综合治理、大力推进散煤治理和煤炭消费减量替代、打好柴油货车污染治理攻坚战、强化国土绿化和扬尘管控、有效应对重污染天气等方面坚决打赢蓝天保卫战；要深入实施水污染防治行动计划，重点做好"五治"，即治理城镇污染、治理农业农村污染、治理水源地污染、治理工业污染、治理船舶港口污染。扎实推进河长制、湖长制，坚持污染减排和生态扩容两手发力，打好水源地保护、城市黑臭水体治理、长江保护修复、巢湖综合治理、农业农村污染治理等攻坚战，着力打好碧水保卫战；要全面实施土壤污染防治行动计划，突出重点区域、重点行业和重点污染物，从强化土壤污染管控和修复、加快推进垃圾分类处理、强化固体废物污染防治等方面入手，扎实推进净土保卫战。

实施意见的具体指标以 2020 年为时间节点，涵盖大气、水、土壤等各个方面。主要包括：未达标设区市细颗粒物（$PM_{2.5}$）浓度较 2015 年下降 18%以上，设区市空气质量优良天数比率达到国家考核要求。全省地表水Ⅰ～Ⅲ类水体比例达到 74.5%以上，劣Ⅴ类水体比例控制在 0.9%以内，设区市建成区黑臭水体基本得到消除，设区市集中式饮用水水源水质达到或优于Ⅲ类的比例高于 94.6%，县级集中式饮用水水源水质达到或优于Ⅲ类的比例高于 91.9%，地下水质量考核点位水质级别保持稳定。全省二氧化硫、氮氧化物排放量较 2015 年减少 16%，化学需氧量、氨氮排放量分别较 2015 年减少 10%、14.3%；煤炭消费总量较 2015 年下降约 5%。受污染耕地安全利用率约达到 94%，污染地块安全利用率达到 90%以上。生态保护红线面积占比达到 15.15%；森林覆盖率达到 30%以上。

实施意见强调，全面加强党对生态环境保护的领导。各地各部门要

127

按照"管发展、管生产、管行业必须管环保"的要求，建立健全领导体制，坚决落实各项决策部署，每年定期向省委、省政府报告落实情况。完善环保督察机制。加强对重点区域、重点领域、重点行业的专项督察。建立科学合理的考核评价体系。强化考核问责，对责任没有落实、推诿扯皮、没有完成工作任务的，依纪依法严肃问责，终身追责。改革完善生态环境治理体系。加强和完善生态环境监管体系、补偿机制、经济政策体系、法治体系、能力保障体系、社会行动体系等。逐步建立常态化、稳定的财政资金投入机制。切实加大生态环境保护投入力度，资金投入向污染防治攻坚战倾斜，坚持投入同攻坚任务相匹配。

6.4.3 《巢湖流域水污染防治条例》

《巢湖流域水污染防治条例》经 2019 年 12 月 21 日安徽省第十三届人民代表大会常务委员会第十四次会议修订，自 2020 年 3 月 1 日起施行。

本次修订此条例，本着对人民、对历史高度负责的精神，完善了立法目的和指导思想，充实了巢湖流域水污染防治工作的总体要求；提高了监管标准、细化了监管措施、严格了监管责任，以期系统提升巢湖流域水生态治理与修复的工作水平。

本次修订主要有以下 4 个特点：①坚持深入贯彻落实习近平生态文明思想。严格对标对表党中央关于生态文明建设的重大决策，认真落实省委关于打赢碧水保卫战的系列部署，把"人与自然和谐共生"的科学自然观、"良好生态环境是最普惠的民生福祉"的基本民生观、"绿水青山就是金山银山"的绿色发展观融入条例。②坚持新发展理念。恪守以人为本、节约优先、保护优先、自然恢复为主的立法指导思想，紧扣转变经济发展方式、提高发展质量和效益的内在要求，直面巢湖流域经济社会发展与人口资源环境之间的矛盾，处理好经济社会发展与生态环境保护的关系，兼顾当前与长远、局部与全局，力促巢湖流域绿色、永续发展。③坚持党对立法工作的领导。严格遵循省委提出的科学、从严、依法等 5 项修改原则，对修改中的重大问题及时向省委请示报告，把坚持党的领导贯穿条例修订的始终。④坚持严格管控的要求。从全局出发系统考虑完善监管制度、落实工作责任，强调在巢湖流域从事生产经营活动应当严守生态保护红线，聚焦突出问题整治，推进生态系统修复，健全源头预防、过程控制、末端治理等制度措施。

6.4.4 《巢湖综合治理攻坚战实施方案》

2018 年 12 月，安徽省政府办公厅公布《巢湖综合治理攻坚战实施方案》（皖政办〔2018〕53 号）。方案共分 5 个部分。

第一部分是指导思想。以习近平新时代中国特色社会主义思想为指导，深入贯彻落实习近平生态文明思想，坚持生态优先、绿色发展，大力推进巢湖生态文明先行示范区建设。

第二部分是基本原则。明确生态优先、绿色发展，统筹协调、系统治理，分类施策、重点攻关，制度保障、严格执法 4 项基本原则。

第三部分是主要目标。围绕"至 2020 年，流域防洪短板基本补齐，流域水量调配能力明显增强，氮磷总量管理制度基本形成，入湖污染负荷有效削减，河湖水质有效改善，湖区蓝藻控制有力，生态系统服务功能稳步提升"的总目标，从防洪减灾能力建设、入湖污染负荷总量控制、河湖水质目标管理、湖区蓝藻防控、流域生态恢复、河湖净化能力建设 6 个方面分解落实，进一步完善巢湖综合治理的目标体系。

第四部分是重点任务。坚持标本兼治，突出顶层设计、重点工程、污染治理、生态修复、节能减排等重要措施，提出编制《巢湖综合治理绿色发展总体规划》、实施重污染河流治污大会战、深化农业面源污染管控等 20 项重点任务，着力消减入湖污染物总量、改善江湖水体联系、恢复流域水体自净能力。

第五部分是保障措施。巢湖综合治理既是攻坚战，也是持久战，必须加大保障力度。确定加强组织领导、积极探索创新、完善制度建设等 6 项保障措施，明确流域各地生态环境保护职责，充分发挥省级湖（河）长制和市级河长制作用，加快推进"数字巢湖"建设，大力实施全流域生态补偿，严格依法监管，坚决打好巢湖综合治理攻坚战。

6.5 江西省

6.5.1 《江西省长江保护修复攻坚战工作方案》

为深入贯彻习近平生态文明思想和习近平总书记关于长江经济带发展重要讲话精神，认真落实党中央、国务院决策部署，打好长江保护修复攻坚战，经省政府同意，2019 年 6 月，江西省生态环境厅会同省发改委印发了《江西省长江保护修复攻坚战工作方案》，在全省贯彻实施。通过对强化生态环境空间管控、改善水环境质量、加强工业污染治理、遏制农业面源污染、推动城镇污水垃圾整治、加强航运污染防治、优化水资源配置、强化生态系统管护等 8 个方面开展攻坚，打好长江保护修复攻坚战，使长江干流江西段、"五河"（赣江、抚河、信江、饶河、修水）及鄱阳湖的湿地生态功能得到有效保护，生态用水需求得到基本保障，生态环境风险得到有效遏制，生态环境质量持续改善，让一江清水浩荡奔流，母亲河永葆生机活力。

6.5.2 《江西省长江经济带"共抓大保护"攻坚行动工作方案》

江西坚持把改善长江生态环境摆在压倒性位置，做好做足水文章，按照"问题在水里，根源在岸上"思路，统筹水、路、港、产、城和生物、湿地、环境等，统筹"五河两岸一湖一江"，实施系统综合整治。

坚持以习近平新时代中国特色社会主义思想为指导，牢固树立和践行习近平生态文明思想，以新发展理念为引领，坚持问题导向，切实落实长江经济带"共抓大保护"攻坚行动重点任务工作，积极发展资源节约型、环境友好型、生态保育型农业，加快推动农业发展方式转变，促进农业可持续发展，走产出高效、产品安全、资源节约、环境友好的农业现代化道路，全力打造美丽中国"江西样板"。

全面贯彻省委书记刘奇在全省长江经济带"共抓大保护"攻坚行动动员大会上的讲话精神，按照江西省参与"一带一路"建设和推动长江经济带发展领导小组的统一部署，力争完成各项目标任务。

到2020年年底前，农业面源污染、畜禽养殖污染得到有效控制，畜禽养殖废弃物基本实现无害化处理和资源化利用，全省畜禽粪污综合利用率达到85%以上，规模畜禽养殖场粪污处理设施装备配套率达到95%以上；施肥结构进一步优化，施肥方式进一步改进，2018年起连续3年实现农作物化肥使用量零增长；深入推进农作物病虫害统防统治、绿色防控和安全科学用药，2018年起连续3年实现防治农作物病虫害的农药用量零增长；全省稻渔综合种养面积达150万亩；水生生物多样性保护体制机制基本完善，水域生态环境进一步改善，渔业资源衰退趋势得到进一步缓解，水生生物多样性得到有效保护。

江西以共抓大保护、不搞大开发为导向，以生态优先、绿色发展为引领,围绕水资源保护、水污染治理、生态修复与保护、城乡环境综合治理、岸线资源保护利用、绿色产业发展等六大领域,按照"问题导向、标本兼治、统筹推进、集中攻坚"的原则,提出十大攻坚行动、30 条工作任务。

6.5.3 《关于全面加强生态环境保护坚决打好污染防治攻坚战的实施意见》

2018 年江西省出台《关于全面加强生态环境保护坚决打好污染防治攻坚战的实施意见》。意见提出,到 2020 年,全省细颗粒物(PM$_{2.5}$)年平均质量浓度比 2015 年下降 15%,达到 38 μg/m^3 以下,设区城市空气质量优良天数比率达到 92.8%以上;全省地表水省考断面 I ~III 类水体比例达到 90.7%以上,国控、省控、县界断面消灭 V 类及劣 V 类水体,设区市建成区黑臭水体消除比例达到 90%以上;与 2015 年相比,二氧化硫排放量减少 12%以上,氮氧化物排放量减少 12%以上,化学需氧量排放量减少 4.3%以上,氨氮排放量减少 3.8%以上;受污染耕地安全利用率达到 93%左右,污染地块安全利用率达到 90%以上;生态保护红线面积占比达到 28.06%以上,森林覆盖率稳定在 63.1%。

到 2035 年,节约资源和保护生态环境的空间格局、产业结构、生产方式、生活方式总体形成,生态环境质量根本好转,美丽中国"江西样板"基本建成。到 21 世纪中叶,生态文明全面提升,实现生态环境治理体系和治理能力现代化。

6.5.4 《江西省环境保护厅等四部门关于落实〈水污染防治行动计划〉实施区域差别化环境准入相关工作的通知》

针对环境保护部、国家发展改革委、住房和城乡建设部、水利部等四部委印发的《关于落实〈水污染防治行动计划〉实施区域差别化环境准入的指导意见》（环环评〔2016〕190号，以下简称《指导意见》），《江西省环境保护厅等四部门关于落实〈水污染防治行动计划〉实施区域差别化环境准入相关工作的通知》从推进国家生态文明试验区建设、打造美丽中国"江西样板"的高度，要求按照《江西省水污染防治工作方案》和《江西省主体功能区规划》要求，扎实抓好区域差别化环境准入工作。

（1）落实《指导意见》，严格分区施策

以落实主体功能定位为主线，以污染源防控为重点，因地制宜、分区施策，严格按照《指导意见》针对"禁止开发区、限制开发的重点生态功能区、限制开发的农产品主产区、重点开发区"等不同区域差别化环境准入的要求，结合主体功能区定位，以及各主体功能区的差别化区域特点，强化源头防控、严格环境准入。

（2）强化标准引领，严控污染排放

加强水功能区监督管理，从严核定水域纳污能力及限制排污总量指标，严格控制入河湖排污总量。对不达标水功能区限制审批新增取水口和入河排污口。严格执行《鄱阳湖生态经济区水污染物排放标准》。对大余、德兴等矿产资源开发活动集中区域，矿产资源开发项目执行重点污染物特别排放限值；结合各地环境资源承载力和《水防治行动计划》考核情况，适时扩大执行特别排放限值的区域。加快出台江西省《离子型稀土矿山开采水污染物排放标准》，强化赣南稀土矿山科学开采和废水排放管理。以整治黑臭水体为突破口，加快补齐环境设施短板。建成区水体水质达不到地表水Ⅳ类标准的城市，新建城市污水处理设施要执行一级A排放标准。落实《长江经济带沿江取水口、排污口和应急水源布局规划》，切实监管入河、湖排污口。

（3）强化资源监管，保护水生生态

水库、灌溉、排涝等水利建设应发挥水资源的多种功能，协调好生活、生产和生态用水需求，降低对水生态和水环境的影响。严格控制江河、湖泊、水库等水域新增人工养殖，防范水质富营养化。各级各类水生生物保护区水域不得新建排污口，涉及水生珍稀特有物种重要生境的河段，严格控制水电项目准入。加强水资源保护，合理开发和科学配置水资源，控制水资源消耗总量和强度。加强高耗水行业用水定额管理，严格控制高耗水项目建设。

（4）优化产业布局，加强河湖保护

将河湖及其生态缓冲带划为水环境优先保护区，依法落实相关管控措施。严格落实主体功能区产业准入负面清单制度，切实推动绿色发展。严格执行《关于加强高能耗高排放项目准入管理的实施意见》（赣府厅发〔2008〕58 号），强化沿河环湖及江河源头区域项目准入及选址要求。落实鄱阳湖生态经济区分区保护要求，禁止在滨湖控制开发带内新建、改建、扩建化学制浆造纸、印染、制革、电镀等排放含磷、氮、重金属等污染物的企业和项目。除在建项目外，长江江西段、赣江、抚河、信江、饶河、修水等岸线和鄱阳湖周边 1 km 范围内禁止新建重化工业项目，严控沿岸地区新建石油和煤化工项目。

6.6 湖北省

6.6.1 《湖北省长江保护修复攻坚战工作方案》

湖北省出台《湖北省长江保护修复攻坚战工作方案》，力争到 2020 年年底，长江流域水质优良（达到或优于Ⅲ类）的国控断面比例要从 2018 年年底的 86%升至 88.6%以上，丧失使用功能（劣于Ⅴ类）的国控断面比例低于1.8%，力争全面消除劣Ⅴ类国控断面；省控断面水质总体逐年改善；地级及以上城市建成区黑臭水体消除比例达90%以上。

根据该方案，湖北省将完成长江保护修复攻坚战八大任务，细分为70条主要任务及措施。在全省范围内，以长江、汉江、清江等73条重点河流，洪湖、斧头湖等17个重点湖泊（21个水域）和丹江口水库等11座水库为重点，开展保护修复攻坚行动。

湖北省已开始全面排查整治入河排污口，同时，加快推进工业污染治理，长江干流及主要支流岸线1 km范围内禁止新建化工项目和重化工园区，15 km范围内一律禁止在园区外新建化工项目。2020年年底前，完成沿江1 km范围内重污染企业关、改、搬、转；省级及以上开发区中的工业园区污水管网实现全覆盖，污水集中处理设施稳定达标运行。

对于农业农村污染加强防治，2020年年底前，实现农村无害化厕所全覆盖；城市近郊区农村生活垃圾处置体系全覆盖；长江流域水生生物保护区全面禁捕。加强农村饮用水水源保护区划定；依法划定禁止养殖区、限制养殖区和养殖区，禁止超规划养殖等。

对于城镇污水和垃圾，加快处理设施建设改造。2020年年底前，沿江地级及以上城市基本无生活污水直排口，城市、县城、乡镇污水处理率达95%、90%和75%；城市（含县城）生活垃圾无害化处理率不低于95%；建制镇生活垃圾无害化处理率不低于70%，沿江城镇垃圾全收集、全处理。

湖北省还将加强港口码头和船舶污染防治，2020年年底前，全面完成长江主要支流非法码头清理取缔；完成港口、船舶修造厂污染物接收设施建设；严禁单壳化学品船和600载重吨以上的单壳油船进入长江干线、汉江干线以及江汉运河。加强水资源节约和保护，严格用水总量指标管理，万元工业增加值用水量比2015年下降25%以上；基本完成岸

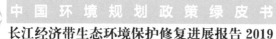

线修复工作，恢复岸线生态功能。

6.6.2 《湖北省长江经济带生态环境保护规划（2016—2020）》

规划紧紧围绕习近平总书记提出的"当前和今后相当长一个时期，要把修复长江生态环境摆在压倒性位置，共抓大保护，不搞大开发""把长江经济带建设成为我国生态文明建设的先行示范带、创新驱动带、协调发展带"等要求，确定湖北长江经济带生态环境保护的重点任务是"三水并重、四抓同步、五江共建"。即：突出水资源、水环境、水生态"三水一体"；抓流域统筹协调，抓"三江、五湖、六库"等重点流域区域，抓环保工程和环保项目，抓环保机制创新；建设和谐长江、健康长江、清洁长江、优美长江和安全长江。

规划提出，到 2020 年，湖北长江经济带生态环境质量显著改善，绿色发展水平明显提升，形成以长江干支流为经脉、以山水林田湖草为有机整体，江湖关系和谐、生态流量充足、流域水质优良、水土保持有效、生态物种多样性的生态安全格局，使长江经济带成为山清水秀、地绿天蓝的绿色生态廊道和生态文明先行示范带。规划从环境质量、生态保护、绿色发展、环境安全 4 个方面提出了 32 项具体目标。

规划主要任务包括 5 个方面，具体包括：①实施分区分级管控，优化国土空间开发格局；②统筹水资源、水环境与水生态，彰显水活力；③全面实施绿满荆楚行动，维护生态系统服务功能；④强化环境治理与风险防范，提升环境安全水平；⑤加快改革创新，建立环境治理共治体系。

同时，遵照"工程讲具体、目标讲清楚、具有带动性"的原则，谋划一批对保护湖北长江生态环境具有战略意义的重大工程，促进规划任务与重大工程相互衔接。

6.6.3 《湖北省关于开展碧水保卫战"攻坚行动"的命令》

为贯彻落实习近平总书记在深入推动长江经济带发展座谈会上的重要讲话精神，建设造福人民的幸福河湖，湖北省印发了《湖北省关于开展碧水保卫战"攻坚行动"的命令》。

（1）强化政治担当

认真学习贯彻习近平生态文明思想，从增强"四个意识"、坚定"四个自信"、做到"两个维护"的高度，以更高的政治站位、更强的责任担当，组织开展好"攻坚行动"。各级第一总河湖长和总河湖长要牵头抓总、以上率下，当好总指挥、总调度，及时召集河湖长和责任部门进行专题研究、专题部署、专项督办；各级河湖长及其联系单位要严格落实河湖长巡查履职制度，结合责任河湖实际，制定个性化攻坚行动方案，着力解决突出问题，维护河湖健康。各级河湖长制办公室要统筹谋划，承担起组织实施的具体任务；各级发改、公安、财政、自然资源、生态环境、交通运输、住建、水利、农业农村等部门要各司其职，确保"攻坚行动"落地见效。

（2）实施"四大行动"

开展水质提升攻坚行动。2020年年底"水十条"考核断面水质优良比例达到88.6%，消除劣Ⅴ类国控断面；省级及以上工业园区污水集中处理设施稳定达标运行，推进污水收集管网全覆盖工作；基本完成乡镇级水源地清理整治任务，单一水源供水的地级以上城市基本完成备用水源或应急水源建设。精准治理湖泊，推进入湖港渠和排污口整治，加强水生态修复，切实改善水质。以城市建成区黑臭水体整治为契机，加快补齐城镇生活污水收集处理短板，巩固治理成效，确保不反弹。落实国家禁渔工作部署，开展水生生物增殖放流，加强长江、汉江等重要水域水生生物保护，提高水生生物多样性，增强水体净化调节功能。强化节水行动，年内实现万元 GDP 用水量、万元工业增加值用水量较 2015 年下降 30%的目标。

开展空间管控攻坚行动。完成河湖和水利工程划界确权任务。压实河湖长责任，对河湖"清四乱"工作进行"回头看"，巩固扩大成果，推进河湖"清四乱"常态化、规范化。坚持保护优先、合理开发，组织完成省级重点河湖岸线保护与利用规划编制任务，加快推进长江、汉江干线码头清理整治。稳步实施退田（渔、垸）还湖。逐步建立跨县（市、区）河湖全覆盖的流域生态补偿机制。加强河湖生态部门联动、综合执法，积极发挥生态公益诉讼在河湖管护中的作用。

开展小微水体整治攻坚行动。落实落细小微水体"一长两员"长效管护机制。围绕污水无直排、水面无漂浮物、岸边无垃圾的目标，分类制定城区、农村小微水体整治标准，结合乡村振兴战略、美丽乡村建设、城乡爱国卫生运动等工作，加强小微水体综合整治，2020 年年底前基本完成城区小微水体整治任务，完成 60%以上农村小微水体整治任务。

开展能力建设攻坚行动。紧扣河湖长制提档升级"制度建设年"主题，加强河湖长制法规制度体系建设，进一步强化河湖长履职尽责。建成河湖长制信息管理系统，提高河湖监测管控能力。加强各级河湖长及河湖长制工作人员培训，创新培训方式，切实提高履职能力。强化河湖社会管理服务，广泛开展河湖志愿行动，不断健全完善河湖保护共治机制。

（3）严格监督考核

以攻坚行动为契机，切实强化上级河湖长对下级河湖长及其责任部门履职的监督检查、述职评议、考核问效。各项具体工作牵头部门要加强督促指导，督过程、督细节、督绩效。各级河湖长制办公室要及时将攻坚行动推进情况向本级总河湖长报告，并抓好督促落实。要将攻坚行动纳入河湖长制考核，对不作为、慢作为的单位和个人进行约谈、通报批评，必要时启动问责追责机制，严肃处理。

（4）加强宣传引导

各地各单位要巩固深化"示范建设行动"，树立一批示范河湖、示范单位和先进个人典型。要加大宣传工作力度，广泛开展生态文明和河湖健康教育，加强攻坚行动正面宣传和舆论引导，定期发布专项行动和民意调查信息。同时，加大涉水违法行为曝光力度，引导形成全社会关心、支持、参与、监督河湖管护的良好氛围。

6.6.4 《湖北省农业农村污染治理实施方案》

2019年5月，为深入贯彻落实《生态环境部 农业农村部关于印发农业农村污染治理攻坚战行动计划的通知》（环土壤〔2018〕143号）精神，打好农业农村污染治理攻坚战，加快解决全省农业农村突出环境问题，确保全面完成行动计划的目标任务，为落实农业农村部"一控、两减、三基本"要求，对接湖北省长江大保护十大标志性战役，对接湖北省"四个三重大生态工程"，湖北省生态环境厅、农业农村厅印发《湖北省农业农村污染治理实施方案》（鄂环发〔2019〕9号）。

实施方案主要明确了总体目标以及农村饮用水保护、农村生活垃圾污水治理、养殖业污染治理、种植业污染治理、农村环境监管能力、保障措施6个方面的要求。实施方案结合习近平总书记视察湖北的重要讲话精神以及湖北省位于南水北调中线工程核心水源地及长江经济带的特殊位置，在国家行动计划的基础上，提出了到2020年，全省乡村绿色发展加快推进，农村生态环境明显好转，农业农村污染治理工作体制机制基本形成，农业农村环境监管明显加强，农村居民参与农业农村环境保护的积极性和主动性显著增强，努力实现"一保两治三减四提升"的总体目标。

实施方案规定：①加强农村饮用水水源保护，要加快农村饮用水水源调查评估和保护区划定、加强农村饮用水水质监测以及以千吨万人以上农村饮用水水源为重点开展环境风险排查整治。②持续推进农村生活垃圾污水治理，保障农村污染治理设施长效运行。明确 2019 年、2020 年农村生活垃圾治理目标，明确推进农村生活污水治理要优先整治丹江口、长江经济带及四湖流域控制单元范围内的村庄，将农村水环境治理纳入河（湖）长制管理，明确到 2020 年完成 5 100 个建制村环境综合整治任务。③着力解决养殖业污染，促进养殖生产清洁化和产业化模式生态化，严格畜禽规模养殖环境监管，加强水产养殖污染防治和水生生态保护。④有效防控种植业污染，持续推进化肥、农药减量增效，加强秸秆、农膜废弃物资源化利用，大力推进种植产业模式生态化，实施耕地分类管理，并开展涉镉等重金属重点行业企业排查整治。⑤提升农业农村环境监管能力，严守生态保护红线，强化农业农村生态环境监管执法。

6.7　湖南省

6.7.1《湖南省贯彻落实〈长江保护修复攻坚战行动计划〉实施方案》

湖南省 96% 的国土面积属于长江经济带范畴，有 163 km 的长江岸线，打好长江保护修复攻坚战，守护好"一江碧水"是湖南污染防治攻坚战中一项重要的政治任务。省生态环境厅、省发展改革委联合制定并印发了《湖南省贯彻落实〈长江保护修复攻坚战行动计划〉实施方案》。

湖南省长江保护修复攻坚战以长江干流、主要支流及重点湖库为重点，重点推进城镇污水垃圾处理、化工污染治理、农业面源污染治理、船舶污染治理及尾矿库污染治理"4+1"工程，开展重点断面整治、入河排污口整治、自然保护区监督管理、"三磷"排查整治、固体废物排查整治、饮用水水源保护、工业园区规范化整治、黑臭水体整治等八大专项行动。

湖南省对工业废水、生活污水垃圾、船舶污染、生态环境破坏、农业面源污染等普遍性问题全面排查整治；加快推进100个城镇黑臭水体整治；加快补齐流域环境基础设施建设短板，加强流域生态环境保护，确保2019年基本消除劣Ⅴ类水体。

实施方案要求，通过污染治理攻坚，到2020年年底，实现全省长江流域水质优良（达到或优于Ⅲ类）的国考断面比例达到93.2%以上、基本消除劣Ⅴ类水体、地级城市集中式饮用水水源水质优良比例不低于96.4%。

6.7.2 《长江经济带（湖南省）生态环境保护实施方案》

《长江经济带（湖南省）生态环境保护实施方案》针对湖南省环境质量改善任务艰巨复杂、环境风险安全底线实现难度大、环境污染空间结构转移问题凸显、农村环境保护缺乏长效机制、深化生态环保改革任务繁重等问题，提出了具体的对策要求。

实施方案坚持生态优先、绿色发展，以改善生态环境质量为核心，坚持一盘棋思想，严守资源利用上线、生态保护红线、环境质量底线，建立健全环境协同保护机制，共抓大保护，不搞大开发，确保生态功能不退化、水土资源不超载、排放总量不突破、准入门槛不降低、环境安全不失控，努力建设天蓝、水净、地绿的美丽湖南。

141

实施方案要求，到 2020 年，全省生态环境质量明显改善，主要污染物排放总量大幅减少，环境风险得到有效控制，生态安全基本得到保障，绿色产业和绿色生活水平明显提升，生态环境治理体系与治理能力现代化取得重大进展，生态文明建设水平与全面建成小康社会的要求相适应，生态文明体制改革和重大制度建设取得决定性成果。到 2030 年，长江经济带湖南省区域水环境质量、空气质量和水生态质量全面改善，生态系统服务功能显著增强，生态环境更加美好。

6.7.3 《湖南省污染防治攻坚战三年行动计划（2018—2020 年）》

为确保实现《湖南省污染防治攻坚战三年行动计划（2018—2020 年）》目标，湖南省将精准施策，改善大气环境质量，多举措改善水环境质量，分类防治土壤环境污染，兵分三路，打好"蓝天""碧水""净土"三大保卫战，全面推进污染防治攻坚战三年行动计划。

行动计划明确以坚持绿色发展、坚持精准治污、坚持依法监管、坚持协同作战为基本原则。提出到 2020 年的总体目标，即与 2017 年相比，全省重污染天数减少 37 天以上，国家地表水考核断面水质优良比例提高 5 个百分点，受污染耕地安全利用面积达到 398 万亩。到 2020 年，长株潭 3 市 $PM_{2.5}$ 年均质量浓度都下降到 44 μg/m³ 以下，PM_{10} 年均质量浓度平均值下降到 71 μg/m³ 以下，城市环境空气质量优良率都达到 80% 以上，重污染天数合计不超过 15 天；洞庭湖水环境质量大幅改善。到 2020 年，除总磷不超过 0.1 mg/L 外，洞庭湖湖体其他指标达到Ⅲ类水质要求，湘江流域干流和主要支流水质稳定在Ⅲ类标准以内，湘江流域重金属污染治理成效显著。

针对主要目标，行动计划制定了几方面的主要任务，①推进转型升级，加快形成绿色发展方式。促进产业结构调整，优化产业空间布局，推进"散乱污"企业整治，优化调整能源结构，严控污染物排放增量。②强化精准治污，着力解决环境突出问题。落实抓好中央环保督察问题整改，加强长江岸线专项整治，持续推进湘江保护和治理"一号重点工程"，着力推进洞庭湖生态环境整治工程，全面推行河（湖）长制，实施长株潭等地区大气同治工程，推进城乡生活垃圾收集和处置，加快农村环境综合整治，加强饮用水水源地保护，推动城市环境空气质量达标，开展土壤污染治理与修复等 26 个措施。③树立红线意识，加大生态系统保护力度。完成科学规划岸线保护开发，强化国土空间用途管制，严守生态保护红线，编制湖南省"三线一单"（生态保护红线、环境质量底线、资源利用上线和环境准入负面清单），打造绿色生态保护屏障等 10 个目标。

行动计划提出，在保障措施方面，①应加强组织领导。加强综合协调，落实主体责任，实施考核奖惩，强化环保督察，严格责任追究；②完善地方性法规。深化生态环境保护体制改革，加大财税支持力度，深化绿色金融，推进社会化生态环境治理，鼓励公众参与；③强化科技支撑。加强基础研究，推进科技创新，加强对外合作。

6.7.4 《湖南省环境保护条例》

《湖南省环境保护条例》是根据相关法律法规，结合湖南省实际情况制定的，于 2019 年 9 月 28 日经湖南省第十三届人民代表大会常务委员会第十三次会议修订通过，自 2020 年 1 月 1 日起施行。条例是党的十九大以来湖南省生态环境领域出台的一部综合性地方法规，是贯彻落实习近平生态文明思想，用法治思维和法治手段解决湖南省环境保护领域突出问题的具体举措。条例聚焦当前环境保护领域的共性问题和突出问题，明确政府及部门责任，细化环境管理法律制度，压实企业环境责任，加大环境违法处罚力度，为推进湖南生态强省建设提供了法治保障，制定了更严的新规。

条例明确建立约谈和区域限批制度，对政府履行生态环保职责形成强有力的"硬约束"。其明确了约谈的 9 种具体情形，包括目标考核不达标、过程管理不到位、触碰生态环境安全底线、干预环境执法等。同时明确省政府生态环境主管部门应当会同有关部门，督促被约谈地区的人民政府采取措施落实约谈要求，并对整改情况进行监督检查。对超过重点污染物排放总量控制指标、未完成环境质量目标这两种约谈情形，由省生态环境主管部门按照国家有关规定，暂停审批该地区新增重点污染物排放总量的建设项目环境影响评价文件。

条例在《中华人民共和国环境保护法》等法律法规的基础上，加大企事业单位和其他生产经营者的违法成本，遏制主观恶意违法行为，压实企事业单位和其他生产经营者的环境责任。将按日连续处罚的具体违法行为拓展至 7 类，除《中华人民共和国环境保护法》及其配套规定中列举的 4 种违法排污行为外，拓展规定了违反环境影响评价制度、违反"三同时"制度和违反排污许可管理制度等 3 种其他类型的违法行为，基本覆盖了环境违法行为的典型类型。此外，条例增加了查封扣押的具体要素，包括运输污染物的交通工具、放射性废物及冶炼工业污泥等，使条例既符合湖南省环保工作实际需要，也体现了比上位法更严格的立法倾向。

条例明确规定了城市环境噪声污染"四禁"：一禁夜间建筑施工作业产生的环境噪声污染；二禁"大考"考场周围产生的环境噪声污染；三禁敏感建筑物或公共场所产生的环境噪声污染；四禁住宅楼、商住综合楼内经营性活动产生的环境噪声污染。为了使禁止性规定落到实处，条例细化和补充上位法，区分个人和单位，逐一明确了相应的法律责任，如夜间建筑施工作业产生噪声污染的，可以处 2 000 元以上、2 万元以下罚款。

条例规定公民应当将生活垃圾按规定分类投放，对生产生活中造成的污染，及时采取措施自行治理或者委托治理，并从统筹城乡垃圾分类设施建设、组织垃圾分类处置、推广垃圾资源化和回收利用等方面明确规定了生活垃圾分类管理的政府责任。

6.8 重庆市

6.8.1 《重庆市长江保护修复攻坚战实施方案》

2019 年 5 月，重庆市出台《重庆市长江保护修复攻坚战实施方案》（渝环〔2019〕103 号），方案要求，要以改善长江生态环境质量为核心，把修复长江生态环境摆在压倒性位置，以长江干流、主要支流为突破口，坚持生态优先、绿色发展，坚决打好污染防治攻坚战，统筹山水林田湖草系统治理，推进水污染治理、水生态修复、水资源保护"三水共治"，创新体制机制，强化监督执法，落实各方责任，着力解决突出生态环境问题，确保长江生态功能逐步恢复，环境质量持续改善，筑牢长江上游重要生态屏障，加快建设山清水秀美丽之地。方案显示，重庆长江保护修复攻坚战任务将在强化生态环境空间管控、排查整治排污口、加强工业污染治理、持续改善农村人居环境、补齐环境基础设施短板、加强航运污染防治、优化水资源配置、强化生态系统管护 8 个方面发力。

方案目标要求，到 2020 年年底，长江流域水质优良（达到或优于 III 类）的国控断面比例达到 95.2%以上，不出现丧失使用功能（劣于 V 类）的国控断面；城市建成区黑臭水体消除比例达到 100%，城市集中

式饮用水水源水质优良比例高于 97%。

6.8.2 《重庆市污染防治攻坚战实施方案（2018—2020 年）》

2018 年 6 月，重庆市委、市政府联合印发的《重庆市污染防治攻坚战实施方案（2018—2020 年）》，提出打好污染防治攻坚战，建设长江上游重要生态屏障，实现水更清、天更蓝、地更绿、土更洁、声更静、环境更安全等 6 个方面的 34 项指标。

实施方案内容分为总体要求、加强突出环境问题治理、加快补齐环保设施"短板"、夯实污染防治基础、强化环境全过程管理、深化环境监管制度改革、组织实施 6 个部分，以持续改善环境质量为核心，统筹"建、治、改、管"，突出抓重点、补短板、强弱项，并按照项目化、工程化的要求，提出了 4 方面 25 项共 180 个工程任务。

实施方案立足重庆实际，主要包括 42 个断面水质优良比例稳定达到 95.2% 以上，年空气优良天数稳定在 300 天以上，森林覆盖率达到 51% 以上，受污染耕地安全利用率约达到 95%，区域环境噪声平均值不高于 53 dB，不发生重特大突发环境事件等，其中，全面消除城市建成区黑臭水体和长江支流劣 V 类断面、乡镇集中式饮用水水源地水质达标率达到 86% 以上、细颗粒物年平均质量浓度控制在 40 μg/m³ 以内等指标高于国家要求。

6.8.3 《关于规范畜禽养殖禁养区划定和管理促进生猪生产发展的通知》

2018 年 6 月以来，生猪生产受非洲猪瘟影响，产能下滑，稳产保供形势严峻。2019 年，国务院先后召开全国稳定生猪生产、保障市场供应电视电话会议，全国规范畜禽养殖禁养区划定和管理、促进生猪生产发展视频会议。9 月 3 日，生态环境部办公厅、农业农村部办公厅印发《关于进一步规范畜禽养殖禁养区划定和管理促进生猪生产发展的通知》，为抓好落实，2019 年，重庆市生态环境局、重庆市农业农村委员会联合印发《关于规范畜禽养殖禁养区划定和管理促进生猪生产发展的通知》，通知旨在贯彻落实党中央决策部署，切实做好稳定生猪生产、保障市场供应相关工作，推动畜禽养殖业健康可持续发展。

通知明确了关于禁养区划定的最新规定：国家法律法规和地方性法规之外的其他规章和规范性文件不得作为禁养区划定的依据，结合国家有关法律法规和重庆市地方性法规，主要政策文件包括：《中华人民共和国畜牧法》《畜禽规模养殖污染防治条例》《重庆市环境保护条例》《重庆市长江三峡水库库区及流域水污染防治条例》等。

通知对禁养区管理提出了具体要求，依法关闭或搬迁禁养区内的畜禽养殖场（小区）和养殖专业户。对因调整禁养区区域，确需关闭或者搬迁现有畜禽养殖场和养殖专业户，致使畜禽养殖者遭受经济损失的，由区（县）人民政府依法予以补偿，妥善处理矛盾，维护社会和谐稳定。

通知提出了为畜禽养殖业发展提供的环保方面的扶持政策，要求各区（县）生态环境局会同农业农村部门，对有意愿重建的畜禽养殖场和养殖专业户，落实用地等激励扶持政策措施，支持异地重建，对符合环保要求的畜禽养殖建设项目，按照《生态环境部办公厅关于做好畜禽规模养殖项目环境影响评价管理工作的通知》（环办环评〔2018〕31 号）等文件要求，加快环评审批。同时，各区（县）生态环境局应积极配合农业农村部门，加强对畜禽养殖场和养殖专业户在选址、污染治理设施建设运行、粪污综合利用等方面的技术指导和帮扶，畅通畜禽粪污利用渠道，促进畜禽养殖业健康发展。

6.8.4 《重庆市环境行政处罚裁量基准》

2019 年 4 月，重庆市生态环境局印发了《重庆市环境行政处罚裁量基准》（渝环〔2019〕77 号）（以下简称《裁量基准》），2019 年 5 月 9 日通过市人民政府规范性文件备案，于 2019 年 5 月 17 日起实施。

根据《重庆市规范行政处罚裁量权办法》《生态环境部关于进一步规范适用环境行政处罚自由裁量权的指导意见》，对原《重庆市环境行政处罚裁量基准》正文部分条款进行了修改完善。正文共 25 条，包括制定的目的及依据，适用范围，制定原则，制定主体及程序，裁量考虑情节，可以免予处罚和应当从轻、从重处罚情形，基准适用，裁量权监督等。

修订后的《裁量基准》立足于规范环境行政处罚裁量权的正确行使，遵循合法、科学、公正、合理的原则，通过“过罚相当”，既突出对严重违法行为的惩处力度和对其他违法行为的震慑作用，又鼓励和引导当事人及时改正环境违法行为，实现公正执法、精准执法。修订后的《裁量基准》分为重庆市环境行政处罚裁量基准正文和附件：重庆市主要环境违法行为行政处罚裁量标准两个部分。

附件中的重庆市主要环境违法行为行政处罚裁量标准对 13 类主要环境违法行为涉及 37 条“裁量幅度较大、使用频率较高、关系群众切身利益和公共利益”的行政处罚条款，逐一进行违法程度分级并明确相应处罚额度。13 类主要环境违法行为包括：违反建设项目环境保护制度类、违反排污许可管理制度类、通过逃避监管的方式排放污染物类、超过污染物排放标准或者重点污染物排放总量控制指标排放污染物类、违反夜间作业审核制度类、违反环境保护监督检查制度类、违反危险废物经营许可和转移联单制度类、违反土壤污染风险管控和修复制度类、环境服务机构在环境服务活动中弄虚作假类、违反饮用水水源保护制度类、违反污染物排放自动监控设备安装及运行管理制度类、违反放射性和辐射监督管理制度类、其他类。37条行政处罚条款来自《中华人民共和国水污染防治法》《中华人民共和国大气污染防治法》《中华人民共和国土壤污染防治法》《中华人民共和国固体废物污染环境防治法》《中华人民共和国环境影响评价法》《建设项目环境保护管理条例》《重庆市环境保护条例》等法律法规。

6.9 四川省

6.9.1 《四川省打好长江保护修复攻坚战实施方案》

《四川省打好长江保护修复攻坚战实施方案》围绕长江经济带水污染治理、水生态修复、水资源保护"三水共治"，强化长江保护修复攻坚。预计到2020年，纳入全国重要江河湖泊水功能区的水体水质达标率达到83%以上，全省纳入国家考核的监测断面水质优良（达到或优于Ⅲ类）比例高于81.6%，劣Ⅴ类水体基本消除，同时全面淘汰排放不达标船舶，全省森林覆盖率达到40%。

方案中明确，将加快治理企业违法违规排污，全面整治重污染落后工艺、设备和不符合国家产业政策的小型和重污染项目。同时，推进化工污染整治专项行动，强化"三线一单"（生态保护红线、环境质量底线、资源利用上线、生态环境准入清单）约束，推动化工产业转型升级、结构调整和优化布局，严控在长江沿岸地区新建石油化工和煤化工项目，对存在违法违规排污问题的化工企业，特别是位于长江干流和重要支流岸线延伸陆域1 km范围内的化工企业和废水超标排放的化工园区限期整改，整改后仍不能达到要求的依法责令关闭。

迁建、拆除或关闭其他饮用水水源保护区和自然保护区核心区、缓冲区内的规模以下入河排污口。预计到 2020 年，力争规模以下入河排污口全部整改到位，实现长江经济带规模以上入河排污口自动监测全覆盖，完成所有入河排污口规范化建设。

针对长江经济带农业面源污染治理，四川省将统筹推进种植业、畜禽水产养殖业和农村生活污染防治，长江干流和重要支流岸线延伸至陆域 200 m 范围内基本消除畜禽养殖场（小区）。

为打好长江保护修复攻坚战，四川省将开展重点工程造林、长江廊道造林、森林质量提升行动，实施森林修复重大工程，开展草原生态修复工程，实施新一轮退耕还林 60 万亩，抚育中幼龄林 720 万亩、改造低效林 480 万亩，实施人工造林 15 万亩，封山育林 10 万亩，草原综合植被盖度达到 85%，长江干流两岸全面消除宜林荒山，形成绿色生态廊道。

同时，将重点保护和建设若尔盖湿地、石渠长沙贡玛湿地、泸沽湖、西昌邛海、眉山东坡湖等示范基地，开展退耕还湿、退养还滩和人工湿地建设，完善湿地自然保护区 17 个，新建和完善湿地公园 60 个，保护修复湿地生态 2 621 万亩，新建和改造长江流域生态廊道 2 万 km。

6.9.2 《四川省打赢碧水保卫战实施方案》

2019 年，四川省出台《四川省打赢碧水保卫战实施方案》，部署 6 项重点任务。根据方案，四川省将实施城乡生活污染处理设施建设补短板工程。到 2019 年，全省城市污水处理率达到 95%，县城达到 85%，建制镇达到 50%。到 2020 年，实现约 50% 的行政村农村生活污水得到有效处理。

方案要求实施农业农村面源污染削减工程。整治畜禽养殖污染，到 2020 年，畜禽粪污综合利用率达到 75% 以上，规模养殖场粪污处理设施装备配套率达到95%以上。

方案要求实施工业污染治理工程。减少重点行业工业企业废水排放量。推动产业布局结构调整，着力解决沱江流域、岷江中游地区工业企业沿江不合理布局问题。

方案要求实施城市黑臭水体治理工程。以成都市为重点，大力推进地级及以上城市建成区黑臭水体整治。加强县城和重点镇农村农业面源污染、企业排污、建成区污水垃圾等水环境综合治理，逐步削减劣V类水体。

方案在河流水生态保护与修复上，严格查处违法占用或滥用河道、违法采砂及乱堆乱弃、损坏水工程和水域岸线等行为。到2020年，全省新建和改造长江流域生态廊道2万km。到2020年，全省湿地生态保护修复2 621万亩。

此外，在水资源节约与利用上，积极推进成都、自贡、遂宁、内江、资阳市等缺水城市再生水利用设施建设，促进节水减排。到2020年，缺水城市再生水利用率达到20%。

6.9.3 《四川省流域横向生态保护补偿奖励政策实施方案》

2018年，财政部、环境保护部、国家发展改革委、水利部印发《中央财政促进长江经济带生态保护修复奖励政策实施方案》（财建〔2018〕6号），对建立跨省和省内流域横向生态保护补偿机制等予以奖励。省委、省政府贯彻落实党中央、国务院有关决策部署，加快推动生态保护补偿工作。2018年2月，省政府与贵州、云南签订《赤水河流域横向生态保护补偿协议》，率先在长江流域建立多个省份间的横向生态保护补偿机制。2018年9月，四川省组织沱江流域10市签订《沱江流域横向生态保护补偿协议》，建立省内重点流域横向生态保护补偿机制。2019年 7

月，为进一步推动省际、省内流域横向生态保护补偿机制建设，四川省制定了《四川省流域横向生态保护补偿奖励政策实施方案》，经省政府第 26 次常务会议审议通过，由财政厅、生态环境厅、省发展改革委、水利厅联合印发实施。

实施方案全面贯彻党的十九大精神，以习近平生态文明思想为指引，按照党中央、国务院和省委、省政府生态文明建设的决策部署，积极推动跨省和省内流域上下游横向生态保护补偿机制建设，搭建上下联动、合作共治的政策平台，充分调动流域上下游地区水环境保护的积极性，加快形成"成本共担、效益共享、合作共治"的流域保护和治理长效机制，促进流域生态环境质量不断改善。实施方案依据"市级为主、省级引导，统筹兼顾、注重绩效，搭建平台、共抓保护"的基本原则，全面推动流域上下游地区签订补偿协议，落实流域上下游生态环境保护责任，建立流域横向生态保护补偿机制，促进流域共抓大保护格局尽快形成。

奖励政策实施期限为 2018—2020 年，重点实施范围为四川省长江流域的岷江、沱江、嘉陵江等流域。奖励政策的措施主要包括两个方面，一是对四川省与相关省（市）签订补偿协议、建立跨省流域横向生态保护补偿机制，承担责任的相关市（州）给予奖励；二是对省内同一流域上下游所有市（州）协商签订补偿协议、建立流域横向生态保护补偿机制的给予奖励。

奖励方式规定，对建立或实施跨省和省内跨市（州）流域横向生态保护补偿机制的市（州）给予资金奖励，奖励资金拨付采取先预拨、后清算的模式，资金安排与绩效评价结果挂钩。对建立补偿机制的市（州），根据流域生态环境功能重要性、保护治理难度、补偿力度等因素分年确定财政预拨资金奖励额度。预拨资金用于流域保护和治理。根据签订的流域横向生态保护补偿协议，水质、水量等达到考核目标的市（州）全额享受预拨资金；部分达到目标的市（州），根据水质、水量等折算享受预拨资金的额度，适当扣减预拨资金；完全未达到目标的市（州），全部扣减预拨资金。扣减的预拨资金继续用于下一年度的奖励。省级财政通过统筹中央和省级相关资金筹集奖励资金，按照上述预拨、清算办法进行分配，其支出范围适用生态环境保护专项资金管理办法相关规定。

实施方案明确了市（州）人民政府承担行政区域内水环境质量保护与治理主体责任，市（州）人民政府负责签订流域上下游市（州）横向生态保护补偿协议。省直有关部门建立联合指导协调机制，强化对机制建设的业务指导，并严格进行考核，确保工作有序开展。实施到期后将引入第三方开展评估，提炼可复制、可借鉴的模式。

6.9.4 《中共四川省委　四川省人民政府关于全面加强生态环境保护坚决打好污染防治攻坚战的实施意见》

作为长江上游重要生态屏障和水源涵养地，一直以来，四川省肩负着维护国家生态安全的重大使命。《中共四川省委　四川省人民政府关于全面加强生态环境保护坚决打好污染防治攻坚战的实施意见》已正式印发，美丽四川的建设目标更加明确。

根据实施意见，到 2020 年，四川省生态环境保护水平同全面建成小康社会目标相适应。到 2035 年，美丽四川建设目标要基本实现。到 21 世纪中叶，生态文明建设全面提升，实现生态环境领域治理体系和治理能力现代化。

实施意见对坚决打好污染防治攻坚"八大战役"、扎实推进土壤环境治理、推动形成绿色发展方式和生活方式、加快生态保护与修复、健全生态环境治理体系等方面进行了详细部署。

实施意见明确，大气环境质量明显提升。到 2020 年，全省未达标

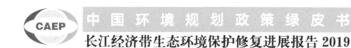
地级及以上城市细颗粒物（PM$_{2.5}$）年均质量浓度比 2015 年下降 18% 以上，地级及以上城市环境空气质量优良天数比例达到 83.5%，地级及以上城市环境空气质量达标比例力争超过 50%；二氧化硫、氮氧化物排放总量均比 2015 年减少 16%。到 2035 年，全省大气环境质量根本好转。

水环境质量全面改善。到 2020 年，全省 87 个国考监测断面水质优良比例总体高于 81.6%，地级及以上城市集中式饮用水水源水质优良比例达到 97.6%，县级城市集中式饮用水水源水质优良比例高于 90%，地级及以上城市建成区黑臭水体基本消除；化学需氧量、氨氮排放量分别比 2015 年减少 12.8%、13.9%。到 2035 年，全省水环境质量根本好转，水生态系统趋于健康。

土壤环境质量趋稳向好。到 2020 年，全省大宗固体废物和危险废物得到有效处置，受污染耕地安全利用率达到 94%，污染地块安全利用率达到 90% 以上。到 2035 年，土壤环境质量持续向好，农用地和建设用地土壤环境安全可控。

6.10 贵州省

6.10.1 《贵州省开展长江珠江上游生态屏障保护修复攻坚行动方案》

2019 年 5 月，为改善贵州省流域生态环境质量，以乌江、清水江、赤水河等主要支流以及草海、万峰湖等重要湖库为重点，深入开展全省长江、珠江上游生态屏障保护修复攻坚战行动，贵州省出台《贵州省开展长江珠江上游生态屏障保护修复攻坚行动方案》。

行动方案制定了到 2020 年年底的流域环境治理目标，即长江流域水质优良（达到或优于Ⅲ类）的国控断面（点位）比例达到 90% 以上，丧失使用功能（劣V类）的国控断面（点位）基本消除；地级及以上城市建成区黑臭水体消除比例达 90% 以上；地级及以上城市集中式饮用水水源水质达到或优于Ⅲ类的比例保持在 100%。

为达到目标，行动方案制定了 8 项工作任务：①强化生态环境空间管控，强化"三线一单"硬约束，实施控制单元精细化管理，严守生态保护红线，坚决遏止沿河环湖各类无序开发活动。②综合整治排污口，通过排查、整治、规范设置等措施，推进水陆统一监管。③加强工业污染治理，优化产业结构布局，集中治理工业园区水污染，开展"三磷"污染治理攻坚，强化工业企业达标排放，加强固体废物规范化管理，严格环境风险源头防控。④持续改善农村人居环境，加快推进美丽宜居村庄建设，大幅减少化肥、农药施用量，着力解决畜禽、水产养殖污染。⑤补齐环境基础设施短板，加强饮用水水源地规范化建设，推进城镇污水全收集、全处理，完善垃圾收集转运及处理处置体系。⑥加强航运污染防治，取缔非法码头，完善港口码头环境基础设施，加强船舶污染防治及风险管控。⑦优化水资源配置，实行用水总量、强度双控，严格控制小水电开发，实施上游、中游水库群联合调度，保障河湖基本生态用水需求。⑧强化生态系统管护，严格岸线保护修复，严禁非法采砂，实施生态保护修复，强化自然保护区监管。

6.10.2 《中共贵州省委 贵州省人民政府关于全面加强生态环境保护坚决打好污染防治攻坚战的实施意见》

加强生态文明建设、打好污染防治攻坚战，是党的十九大明确的决胜全面建成小康社会、夺取新时代中国特色社会主义伟大胜利的重要任务，事关中华民族永续发展。2018 年，中共贵州省委、贵州省人民政府出台了《关于全面加强生态环境保护坚决打好污染防治攻坚战的实施意见》(黔党发〔2018〕25 号),对打好污染防治攻坚战、加快推进国家生态文明试验区建设提出明确要求,到 2020 年,全省绿色低碳循环发展有效推进,生态环境质量总体优良,主要污染物排放总量持续减少,环境风险得到有效管控,国家生态文明试验区建设取得重大进展,生态环境保护水平同全面建成小康社会目标相适应。通过加快构建生态文明体系,确保到 2035 年节约资源和保护生态环境的空间格局、产业结构、生产方式、生活方式总体形成,生态环境质量保持总体优良,美丽中国的贵州目标基本实现。全省各级机关要认真贯彻落实中央和省委的决策部署,牢牢守好发展和生态两条底线,强力实施大生态战略行动,打好污染防治攻坚战,加快建设国家生态文明试验区,为推动新时代贵州生态文明建设迈上新台阶而作出新贡献。

(1)坚持党对生态文明建设的领导

党的领导是加强生态文明建设的根本保证。党的十八大以来,以习近平同志为核心的党中央把生态文明建设作为统筹推进"五位一体"总体布局和协调推进"四个全面"战略布局的重要内容,谋划开展一系列根本性、开创性、长远性工作,推动生态文明建设和生态环境保护从实践到认识发生历史性、转折性、全局性变化。党的十九大明确把打好污染防治攻坚战作为决胜全面建成小康社会的三大攻坚战之一。贵州认真贯彻落实党中央关于生态文明建设的决策部署,对打好污染防治攻坚战、推进国家生态文明试验区建设作出部署。全省各级国家机关在省委的坚强领导下,牢固树立政治意识、大局意识、核心意识、看齐意识,坚决维护习近平总书记在党中央和全党的核心地位,坚决维护党中央权威和集中统一领导,坚决打好污染防治攻坚战。认真实施《国家生态文明试验区(贵州)实施方案》,大胆创新、勇于实践,不断深化和拓展试验区建设,为国家生态文明建设和生态文明体制改革探索实践路径、奠定理论基础，形成可借鉴、可推广的贵州经验和贵州模式。

（2）坚决扛起打好污染防治攻坚战的重大政治责任

打好污染防治攻坚战，既是重大政治责任，也是重大历史机遇，关系到全面小康社会能否得到人民认可、经得起历史检验。党的十八大以来，贵州按照党中央决策部署，牢牢守好发展和生态两条底线，确立"百姓富、生态美"的发展目标，强力实施大生态战略行动，锲而不舍地推进生态文明建设，生态环境保护取得显著成效。但也要清醒地看到，贵州生态环境还十分脆弱，发展不足和保护不够问题并存，环境污染问题历史欠账多，生态环境保护的复杂性、长期性、艰巨性依然存在。全省各级机关必须坚决扛起打好污染防治攻坚战的政治责任，解决突出生态环境问题。各级人大及其常委会要履行好宪法、法律赋予的职责，依法行使立法权、监督权、决定权，为打好污染防治攻坚战提供有力的法治保障。全省各级政府要不折不扣落实中央和省委的各项决策部署，压实各级责任，层层抓落实。全省各相关部门要履行好生态环境保护职责，做到守土有责、守土负责、守土尽责。

（3）建立健全最严格的生态环境保护法规制度

保护生态环境必须依靠严格的制度。要统筹山水林田湖草保护治理，构建更为科学严密、系统完善、具有贵州特色的生态环境保护地方性法规，完善法规制度体系，强化法规制度衔接配套，用最严格的法律法规保护环境、治理污染。要全面清理生态环境保护法规、规章和规范性文件，对不符合、不衔接、不适应上位法、中央精神、时代要求的及时修改或废止。省政府及其有关部门要加紧制定修改相关规章和规范性文件，按照严于国家标准的要求，制定并完善生态环境保护的地方标准。有立法权的地方人大及其常委会要按照上位法要求，结合本地实际进一步制定和完善本区域内生态环境保护法规。牢固树立法律法规的刚性和权威，决不允许做选择、搞变通、打折扣，决不允许搞地方保护。要加强规范性文件的备案审查工作，及时纠正违反上位法规定的法规、规章和其他规范性文件，维护国家法制统一。

（4）确保生态环境保护法律法规全面有效实施

制度的生命在于执行，法律的权威在于实施。多年来，贵州省人大常委会坚决贯彻执行省委大生态战略行动，积极探索在生态环境保护领域先于国家进行立法，出台了《贵州省生态文明建设促进条例》《贵州省水污染防治条例》《贵州省大气污染防治条例》《贵州省环境噪声污染防治条例》等法规，覆盖了水、气、声、渣等环境污染要素，贵州生态文明法规制度的"四梁八柱"已基本建立。全省各级机关要严格执行生态环境保护法律法规制度，确保有权必有责，有责必担当，失责必追究。各级人大及其常委会要坚持目标导向、问题导向，通过执法检查、听取审议工作报告、专题询问等监督方式，加大对水、大气、噪声、固废、土壤、湿地、森林等领域生态环境的监督力度；要坚守生态环境质量"只能更好、不能变坏"的责任底线，督促各有关方面落实生态环境保护目标责任制和考核评价制度，将考核结果作为各级班子和领导干部奖惩和提拔的重要依据；充分发挥环保督察"利剑作用"，加大巡查力度和密度，依法严惩重罚各类违法行为；健全环境保护行政执法和刑事司法衔接机制，充分发挥监察机关和司法机关职能作用，推进全省法院环境资源审判全覆盖，检察机关提起生态环保公益诉讼全覆盖。坚持有法必依、执法必严、违法必究，让法律制度成为刚性约束和不可触碰的高压线。

（5）全力打好污染防治的 5 场标志性重大战役

打好污染防治攻坚战，就要打几场标志性的重大战役，通过重点突破带动整体推进，强力攻克老百姓身边的突出生态环境问题。各级政府及相关部门要认真抓好中央环保督察和中央巡视反馈问题整改，集中力量打好"蓝天保卫、碧水保卫、净土保卫、固废治理、乡村环境整治"5 场标志性重大战役；要实施打赢蓝天保卫战三年行动计划；扎实做好重点行业超低排放改造、散煤治理、"散乱污"企业治理、运输结构调整和柴油货车污染治理等工作；要深入实施水污染防治行动计划，开展饮用水水源地保护、城市黑臭水体治理攻坚行动；加快城乡污水处理环保设施建设与改造，全面推进"零网箱、生态鱼"渔业发展，深入推进河长制、湖长制，加大南明河综合治理力度，加大八大流域特别是乌江、清水江流域环境综合治理；要全面实施《土壤污染防治行动计划》，有效管控农用地和城市建设用地土壤环境风险，构建企业周边土壤环境质量主体责任制；打好固废治理战役，深入开展磷污染治理攻坚行动；打好乡村环境整治战役，整县推进农村污水、垃圾处理设施规划建设和实施科学管理，打造美丽乡村，为老百姓留住鸟语花香的田园风光。

（6）充分发挥人大代表在生态环境保护中的重要作用

全省各级人大常委会要为各级人大代表依法履职提供积极支持和有效保障；要合理组建代表小组，引导代表围绕生态文明建设和生态环境保护开展有针对性的活动；加强代表履职服务平台和代表联络站建设，为人大代表倾听群众呼声、反映群众意愿、帮助群众解困创造条件；认真组织人大代表开展生态文明建设和生态环境保护专题调研和视察，努力为人大代表了解情况、掌握第一手材料创造条件。各级人大代表要深入群众，广泛宣传中国特色社会主义生态文明观和生态环境保护方面的法律法规，鼓励和引导广大人民群众牢固树立绿色发展理念，把建设美丽贵州化为全体人民的自觉行动；要密切联系群众，善于把人民群众呼声强烈的突出环境问题及时向有关国家机关和组织反映汇报，通过提出议案、建议等方式，推动损害群众健康的生态环境问题得到及时有效解决，提供更多优质生态产品以满足人民日益增长的优美生态环境需要。

159

人大代表中的企业法定代表人要发挥模范带头作用，带头执行好法律法规，主动承担起保护生态环境、防治污染的主体责任，体现人大代表保护生态环境的思想自觉和行动自律。

（7）广泛动员人民群众营造共建、共治、共享生态文明建设新局面

良好的生态环境是最普惠的民生福祉。每个人都是生态环境的保护者、建设者、受益者，谁也不能置身事外，要在党的领导下，广泛动员各方力量，汇聚打好污染防治攻坚战的强大合力。各级政府及相关部门用好各类平台和载体做好宣传教育工作，引导全民增强法治意识、生态意识、环保意识、节约意识，以实际行动减少能源资源消耗和污染排放。企业要牢固树立环保责任意识，严格守法，推动生产方式绿色转型。要健全生态环保信息强制性披露制度，完善公众监督、举报反馈机制和奖励机制，充分发挥各类媒体的舆论监督作用，曝光突出生态环境问题，报道整改进展情况。要开展好"6·18贵州生态日"活动，办好生态文明贵阳国际论坛会议，让美丽贵州建设深入人心，让人人都成为环境保护的关注者、环境问题的监督者、生态文明的参与者和绿色生活的践行者。

6.10.3 《贵州省河道条例》

《贵州省河道条例》的颁布施行是贵州贯彻落实党的十九大和习近平总书记在参加十九大贵州省代表团讨论时的重要讲话精神，认真落实习近平生态文明思想，坚持生态优先、绿色发展，牢牢守好发展和生态"两条底线"，加快推进国家生态文明试验区建设，认真落实长江经济带建设的重大举措；是贵州省打好碧水保卫战、还老百姓水清岸绿的法治实践。条例于2019年1月17日经省十三届人民代表大会常务委员会第八次会议审议通过，并于同年5月1日起施行。

条例共6章52条，主要包括以下内容。

第一章，总则，共 7 条，主要明确了立法目的和依据、适用范围、保护管理原则、各级政府及其部门的职责。第二章，规划和治理，共 9 条，重点明确了河道规划的编制，规划的协调，涉河工程的审批、检查、验收以及跨界河道工程审批等。第三章，保护和管理，共 21 条。重点明确了河道保护与管理实行统一管理与分级负责、流域管理与行政区域管理相结合的原则。第四章，河（湖）长制，共 4 条。对河（湖）长的设立、河（湖）长的职责、河（湖）长制工作部门的设立与职责、河（湖）长制工作制度和考核制度进行了明确。此章将国家推行的重大改革举措、河（湖）长制工作探索的经验和有效的做法予以固化成法规条文，用一个专章进行规范，是条例的创新所在。第五章，法律责任，共 9 条。对条例设定的禁止行为明确了法律责任，对涉河违法行为的查处主体、处罚幅度进行了明确。对条例所列的禁止行为，在《中华人民共和国水法》《中华人民共和国防洪法》《中华人民共和国河道管理条例》等上位法中规定的不具体或没有处罚条款的行为，逐一明确了法律责任。

条例具有将贯彻习近平生态文明思想作为条例的主线贯穿始终、突出河道的保护、强化河道的规划和治理、设置了河（湖）长制专章、进一步强化涉水违法行为的查处和打击力度等五大特色亮点。

6.10.4 《贵州省生态环境保护条例》

《贵州省生态环境保护条例》颁布施行，是贵州省贯彻落实党的十九大精神和习近平生态文明思想的生动实践，是建设国家生态文明试验区（贵州）的经验总结，也是构筑贵州省生态环境保护法规体系的又一重要举措。条例于 2019 年 5 月 31 日贵州省第十三届人民代表大会常务委员会第十次会议通过，并于同年 8 月 1 日起施行。

此次修订为全面修订。充分体现以问题为导向的立法思想，结合贵州省生态环境保护工作实际，既注重对《中华人民共和国环境保护法》的补充和细化，有效解决可操作性，又突出贵州特点。原条例共 6 章 74 条，修订后的条例共 7 章 67 条，原有条文基本上全部修改。在体例结构上与《中华人民共和国环境保护法》保持一致。包括总则、监督管理、保护和改善环境、防治环境污染、环境信息公开和公众参与、法律责任和附则。修订的主要内容包括：强化各级政府及相关部门的责任，细化生态环境保护的监督管理措施，吸收了贵州省生态文明体制改革创新成果，防治环境污染力度更强、措施更新，加强信息公开和公众参与、突出社会共治，加大追责力度、明确法律责任主体等 6 个方面。

条例结合贵州实际情况，特色及亮点突出。①明确相关部门职责，构筑生态环境保护体系，专门明确了经济技术开发区、高新技术开发区、工业园区、综合保税区等区域生态环境保护工作的监督管理部门，并根据综合行政执法部门职责划分行使行政处罚权。②建立环境监测制度，构建监测数据共享机制。③鼓励公众参与保护，建立生态环境保护荣誉制度，对保护和改善生态环境有显著成绩的单位和个人，由人民政府给予表彰奖励。鼓励支持符合法定条件的社会组织依法提起环境公益诉讼。④改善人居生态环境，引导公众开展生活垃圾分类。⑤防治生态环境污染，构建生态环境风险管理机制，明确重点排污单位、开发区、工业园区等工业集聚区、新建排放重点污染物的工业项目的生态环境保护义务，强调各级人民政府及其有关部门应当依法加强生态环境风险管理等职责。⑥保障生态环境安全，加强农业农村面源污染防治。

6.11　云南省

6.11.1　《云南省以长江为重点的六大水系保护修复攻坚战实施方案》

2019 年，云南省水利厅、生态环境厅、发展改革委联合印发了《云南省以长江为重点的六大水系保护修复攻坚战实施方案》。方案重点开展长江流域生态隐患和环境风险调查评估，划定高风险区域，从严实施生态环境风险防控措施；优化长江流域经济带产业布局和规模，严禁接纳和新建污染型产业、企业的项目；严格岸线开发管控，强化自然岸线保护，修复湿地等水生态系统，因地制宜建设人工湿地水质净化工程；配合实施流域水库群联合调度，保障干流、主要支流和湖泊基本生态用水；强化船舶港口污染防治，排查整治入河入湖排污口及不达标水体，制定实施限期达标方案。

统筹推进珠江、澜沧江、红河、怒江、伊洛瓦底江等水系水污染防治、水生态保护和水资源管理。切实维护优良水体的水生态环境质量，提高优良水体比例；加强重点流域污染治理和环境风险防范，保证水环境安全；逐步消除劣Ⅴ类水体，恢复水体使用功能。

到 2020 年，长江流域Ⅰ～Ⅲ类水体比例达到 50%以上，劣Ⅴ类水体比例控制在 5.5%以下。

6.11.2　《云南省九大高原湖泊保护治理攻坚战实施方案》

2019 年 3 月，云南省出台《云南省九大高原湖泊保护治理攻坚战实施方案》，扎实推进河湖长制，以改善九大高原湖泊（滇池、洱海、抚仙湖、程海、泸沽湖、杞麓湖、星云湖、阳宗海、异龙湖）水环境质量为核心目标，推动九大高原湖泊保护治理。

实施方案坚持规划引导、坚持生态优先、坚持科学治理、坚持绿色发展、坚持铁肩担当的"五个坚持"原则。明确实行 4 个"彻底转变"，即彻底转变"环湖造城、环湖布局"的发展模式，先做"减法"再做"加法"；彻底转变"就湖抓湖"的治理格局，解决岸上、入湖河流沿线、农业面源污染等问题；彻底转变"救火式治理"的工作方式，解决久拖不决的老大难问题；彻底转变"不给钱就不治理"的被动状态，健全完善投入机制，最终实现从"一湖之治"向"流域之治"、山水林田湖草生命共同体综合施治的彻底转变。

实施方案明确九大高原湖泊各自的生态环境工作目标：抚仙湖、泸沽湖水质稳定保持Ⅰ类；滇池草海水质稳定达到Ⅴ类，到 2020 年年底，滇池外海水质达到Ⅳ类（COD≤50 mg/L）；洱海湖心断面水质稳定保持Ⅱ类；阳宗海水质稳定保持Ⅲ类；程海水质稳定保持Ⅳ类（pH 和氟化物除外）；到 2020 年年底，星云湖水质达到Ⅴ类（总磷≤0.4 mg/L），杞麓湖水质达到Ⅴ类（COD≤50 mg/L）；到 2019 年年底，异龙湖水质达到Ⅴ类（COD≤60 mg/L）。同时提出到 2020 年，九湖流域污染风险得到有效管控，水生态环境明显改善，生态系统稳定性提升，生态功能基本恢复，湖泊污染全面遏制，水质持续改善，努力达到考核目标要求。到 2035 年，九湖生态环境质量全面改善，生态系统实现良性循环和稳定健康，形成河湖水质优良、生态系统稳定、人与自然和谐的生态安全格局，构建人水和谐的美丽家园。

实施方案细化完善任务措施，确定了坚决打赢过度开发建设治理、矿山整治、生态搬迁、农业面源污染治理、水质改善提升、环湖截污、河道治理、环湖生态修复等"八大攻坚战"。

6.11.3 《中共云南省委　云南省人民政府关于全面加强生态环境保护坚决打好污染防治攻坚战的实施意见》

2018 年全国生态环境保护大会召开后，云南省委、省政府迅速传达学习习近平生态文明思想，高规格召开全省生态环境保护大会，出台《中共云南省委　云南省人民政府关于全面加强生态环境保护坚决打好污染防治攻坚战的实施意见》（云发〔2018〕16 号），吹响了全面加强生态环境保护打好污染防治攻坚战的号角，明确提出打好蓝天、碧水、净土"三大保卫战"和九大高原湖泊保护治理攻坚战、以长江为重点的六大水系保护修复攻坚战、水源地保护攻坚战、城市黑臭水体治理攻坚战、农业农村污染治理攻坚战、生态保护修复攻坚战、固体废物污染治理攻坚战、柴油货车污染治理攻坚战"8 个标志性战役"，加快建设中国最美丽省份。

6.11.4 《云南省建立市场化、多元化生态保护补偿机制行动计划》

2019 年，云南省发展和改革委员会、财政厅、自然资源厅、生态环境厅、水利厅、农业农村厅、中国人民银行昆明中心支行、市场监督管理局、林业和草原局等 9 部门联合印发《云南省建立市场化、多元化生态保护补偿机制行动计划》（云发改西部〔2019〕373 号）。

行动计划牢固树立和践行"绿水青山就是金山银山"的理念，按照高质量发展要求，推动形成政府主导、企业和社会参与、市场化运作等多元化生态保护补偿机制，实现生态保护者和受益者良性互动，让生态保护者得到实实在在的利益。以政府引导、市场运作，权责统一、合理补偿，典型引路、循序渐进为基本原则，并提出了 2020 年、2022 年全省市场化、多元化生态保护补偿机制建设的主要目标。

行动计划明确了健全资源开发补偿制度、优化排污权配置、完善水权配置、健全碳排放权交易制度、发展生态产业、完善绿色标识、推广绿色采购、发展绿色金融、建立绿色利益分享机制等重点任务，提出从健全激励机制、加强调查监测、强化技术支撑、强化统筹协调、压实工作责任、加强宣传推广等方面完善配套措施和组织实施。

参考文献

[1] 王金南，孙宏亮，续衍雪，等. 关于"十四五"长江流域水生态环境保护的思考[J]. 环境科学研究，2020，33（5）：1075-1080.

[2] 王金南，王东，姚瑞华. 把长江经济带建成生态文明先行示范带[N]. 中国环境报，2017-01-09（5）.

[3] 易淼. 新时代长江经济带绿色发展的问题缘起与实践理路[J]. 中国高校社会科学，2020（4）：98-105.

[4] 杨荣金，王丽婧，刘伟玲，等. 长江生态环境保护修复联合研究设计与进展[J]. 环境与可持续发展，2019，44（5）：37-42.

[5] 杨荣金，张乐，孙美莹，等. 长江经济带生态环境保护的若干战略问题[J]. 环境科学研究，2020，5：1-13.

[6] 崔奇，俞海，王勇，等. 长江经济带绿色发展：关于状态、特征与制约的文献综述[J]. 环境与可持续发展，2020，45（3）：79-85.

[7] 刘金立，陈新军. 长江流域生物资源及生态环境研究进展[J]. 上海海洋大学学报，2020，29（2）：255-267.

[8] 冯春婷，罗建武，刘方正，等. 长江经济带国家级自然保护区管理状况评价[J]. 环境科学研究，2020，33（3）：709-717.

[9] 王军霞，敬红，邱立莉，等. 长江经济带入河排污口监测体系构建研究[J]. 环境工程，2019，37（10）：44-48.

[10] 王孟，邱凉，邓瑞. 长江流域入河排污口监督管理长效机制研究[J]. 人民长江，2019，50（9）：1-5.

[11] 吴琼慧，刘志学，陈业阳，等. 长江经济带"三磷"行业环境管理现状及对策建议[J]. 环境科学研究，2020，33（5）：1233-1240.

[12] 刘录三，黄国鲜，王璠，等. 长江流域水生态环境安全主要问题、形势与对策[J]. 环境科学研究，2020，33（5）：1081-1090.

[13] 2019 年《中国生态环境状况公报》（摘录一）[J]. 环境保护，2020，48（13）：57-59.

[14] 段学军，王晓龙，邹辉，等. 长江经济带岸线资源调查与评估研究[J]. 地理科学，2020，40（1）：22-31.

[15] "共抓大保护、不搞大开发"不是说不要大的发展，而是要立下生态优先的规矩，倒逼产业转型升级，实现高质量发展[J]. 环境经济，2018（8）：6.

[16] 梁双波，刘玮辰，曹有挥，等. 长江港口岸线资源利用及其空间效应[J]. 长江流域资源与环境，2019，28（11）：2672-2680.

[17] 陈玉梅，李德学. 长江经济带流域生态保护补偿制度的立法完善[J]. 云南民族大学学报（哲学社会科学版），2020，37（4）：153-160.

[18] 曲超，刘桂环，吴文俊，等. 长江经济带国家重点生态功能区生态补偿环境效率评价[J]. 环境科学研究，2020，33（2）：471-477.

[19] 巨文慧，孙宏亮，赵越，等. 我国流域生态补偿发展实践与政策建议[J]. 环境与发展，2019，31（11）：1-2.

[20] 郑亦婷，韩鹏，倪晋仁，等. 长江武汉江段鱼类群落结构及其多样性研究[J]. 应用基础与工程科学学报，2019，27（1）：24-35.